滨海盐沼
生态减灾修复手册

陈新平　左　平　等 编著

海洋出版社

2025年·北京

图书在版编目（CIP）数据

滨海盐沼生态减灾修复手册 / 陈新平等编著. -- 北京：海洋出版社, 2025. 5. -- ISBN 978-7-5210-1526-3

Ⅰ. P942.078-62

中国国家版本馆CIP数据核字第2025K47D55号

责任编辑：赵　娟
责任印制：安　淼

海洋出版社 出版发行

http://www.oceanpress.com.cn

北京市海淀区大慧寺路 8 号　　邮编：100081
北京博海升彩色印刷有限公司印刷　　新华书店经销
2025年5月第1版　　2025年5月第1次印刷
开本：787mm×1092mm　1/16　印张：6
字数：80千字　　定价：90.00元
发行部：010-62100090　　总编室：010-62100034
海洋版图书印、装错误可随时退换

前　言

滨海盐沼生态系统在沿海地区分布广泛，在海洋碳汇过程中扮演着重要角色，与红树林、海草床并称为全球三大蓝碳生态系统。滨海盐沼不仅为众多海洋生物提供了产卵、索饵、越冬场所和洄游通道，同时也是全球候鸟迁徙的重要驿站。滨海盐沼以其丰富的生物多样性、强大的初级生产力和基于生物海岸的防灾减灾功能著称，在维持海岸带生态平衡和保障区域生态安全方面发挥着不可替代的作用。

然而，在全球气候变化加剧和沿海开发活动日益频繁的双重压力下，滨海盐沼生态系统正面临面积萎缩、功能退化等严峻挑战。海岸工程建设、过度捕捞、污染排放等威胁因素，导致盐沼植被衰退、生物栖息地破碎化，严重削弱了其生态服务功能。为应对这一危机，亟须实施科学系统的生态修复工程，切实提升滨海盐沼的生态韧性和碳汇潜力，为我国滨海湿地保护，乃至全球海岸带可持续发展提供重要的生态保障。

与此同时，自然灾害已成为威胁人类可持续发展的重大全球性挑战。在这一背景下，滨海盐沼等自然生态系统因其天然的防灾减灾功能和生态韧性而备受关注。研究表明，健康的盐沼生态系统能有效消浪缓流、固滩护岸，显著降低风暴潮、海岸侵蚀等海洋灾害的破坏力。基于这一认识，基于自然的解决方案（NbS）和基于生态系统的灾害风险减缓（Eco-DRR）等创新理念在国际社会上获得广泛认同。这些理念强调通过科学保护、系统性修复和可持续管理，充分发挥滨海湿地天然的灾害缓冲功能，实现防灾减灾与生态保护的双赢。

基于滨海盐沼湿地的生态特征与功能定位，我国创新性地将基于NbS和Eco-DRR的理念融入海岸带综合管理，分阶段、分区域实施了一批具有示范意义的海岸带生态系统保护修复工程。本手册系统整合了国内外在滨海盐沼生态修复领域的前沿研究成果与工程实践经验，广泛吸纳了沿海地区管理部门和技术专家的实践智慧，构建了以"生态—减灾协同增效"为核心的滨海盐沼生态减灾修复技术体系，并汇编成册。通过理论方法与实操案例的有机结合，本手册既提供了系统性的技术指南，又展示了可量化的效益，融科学性、实用性、前瞻性于一体。本手册既有行业技术可借鉴，亦有学科理论可追溯，可为滨海盐沼生态系统的生态修复、防灾减灾提供重要的理论支撑和技术指导。

本手册由自然资源部海洋减灾中心、南京大学、中交水运规划设计院有限公司、自然资源部第一海洋研究所、复旦大学、河海大学、浙江省水利河口研究院（浙江省海洋规划设计研究院）、中国海洋大学、自然资源部北海生态中心、自然资源部东海生态中心、自然资源部南海生态中心、自然资源部南海发展研究院、自然资源部第二海洋研究所、自然资源部第三海洋研究所、自然资源部第四海洋研究所共同编写完成，撰写人员有：陈新平、左平、郑洋、冯哲、贺强、王炜、郑金海、陶爱峰、曾剑、孙丽、戚洪帅、温国义、王乐、王宇星、刘旭楠、李子彬、韩宇、王腾、鲍献文、王楠、国志兴、安艳红、王飞、陈光程、贾后磊、张朝晖、周俊霆、马俊峰、赵春程、谭勇华、赵明利、曹雨、李博、于硕、戴子熠。

本手册由国家重点研发计划项目"基于自然的海洋动力灾害综合防护关键技术与应用"（编号：2023YFC3007900）、江苏省海洋科技创新项目"江苏滨海湿地碳储量调查监测技术体系研究及固碳能力评估"（编号：JSZRHYKJ202213）共同资助。

特别需要说明的是，本手册所有研究成果和资料，均来自编者和同行们的长期积累与经验总结。那些为获取野外真实数据在泥沼中辛苦跋涉的调查人员，那些为研发盐沼修复技术而倾注毕生心血的专家学者，那些传承并守护盐沼生态系统的管理者和社区居民，才是这本书真正的作者。书中若有任何闪光之处，都应归功于这些默默奉献的同仁；若存在疏漏不足，则完全系于编者学识所限，诚盼各界专家读者批评指正。愿通过这本书，让更多人加入滨海盐沼生态系统保护、修复与管理的行列，共同书写海洋生态系统的每一个精彩篇章。

陈新平
2025年4月26日于北京

目 录

1 滨海盐沼知识 ··· 1
1.1 滨海盐沼特点及其类型 ······························· 1
1.2 滨海盐沼的分布 ······································· 2
1.3 滨海盐沼植物群落的多样性特征 ··················· 3
1.4 影响滨海盐沼生态系统的环境因子 ················ 4
1.5 滨海盐沼生态系统服务功能 ························· 5
1.6 滨海盐沼的主要威胁因素 ···························· 7
1.7 滨海盐沼植物 ·· 8

2 修复原则 ·· 16

3 总体技术流程 ·· 18

4 本底调查 ·· 20
4.1 调查目的 ·· 20
4.2 调查内容 ·· 20
4.3 调查方法 ·· 22

5 问题诊断与修复适宜性评估 ························· 28
5.1 问题诊断 ·· 28
5.2 修复适宜性评估 ······································· 30

6　修复目标 ··· 31
6.1　中长期目标 ·· 32
6.2　短期目标 ·· 33

7　修复方式 ··· 34
7.1　生境修复 ·· 34
7.2　植被修复 ·· 34
7.3　外来物种入侵治理 ·· 35

8　修复措施 ··· 36
8.1　生境修复 ·· 36
8.2　植被修复 ·· 49
8.3　外来物种防治 ·· 61
8.4　海岸带综合防护体系构建 ···································· 63
8.5　后期管护 ·· 64

9　跟踪监测、效果评估和适应性管理 ······························· 67
9.1　跟踪监测 ·· 67
9.2　修复效果评估 ·· 71
9.3　适应性管理 ·· 74

10　滨海盐沼修复经典案例 ·· 76
10.1　案例1　东营市黄河口盐地碱蓬生态系统修复 ········ 76
10.2　案例2　天津市汉沽滨海盐沼生态系统修复 ············ 83

参考文献 ··· 88

1 滨海盐沼知识

1.1 滨海盐沼特点及其类型

滨海盐沼处于海洋和陆地两大生态系统的过渡区域，周期性或间歇性地受海洋咸水体或半咸水体作用，具有较高的草本或低灌木植物覆被的淤泥质或泥炭质湿地生态系统（贺强等，2010）。滨海盐沼不同于内陆盐沼，二者虽然在植物种类和植被特征上有很大的相似性，但盐度、湿度、温度等环境条件有所差异。通常情况下，滨海盐沼应具有较高的草本或低灌木植被覆盖度。

滨海盐沼通常具备以下几个基本特点：

- 处于滨海地区，受海洋潮汐作用影响；
- 具有以草本或低灌木为主的植物群落，盖度通常不低于30%；
- 潮汐水体应为非淡水；
- 基质以淤泥或泥炭为主。

关于滨海盐沼类型的划分，可以有多种方法。按照植被类型的不同，可以分为芦苇、碱蓬属（盐地碱蓬、南方碱蓬等）、柽柳以及茳芏、短叶茳芏、海三棱藨草、水葱、糙叶薹草、水莎草等莎草科植物；按照气候带的不同，可以分为热带盐沼、温带盐沼和寒带盐沼；按照植被生长型的不同，可以分为草丛盐沼和灌丛盐沼等（中国湿地植被编辑委员会，1999）；按照人工化程度的不同，可以分为自然盐沼、半自然盐沼和人工盐沼；依据滨海盐沼产生、存在的先决性条件来区分不同类型的盐沼，可以将滨海盐沼划分为潟湖型、岸滩平原型、堰洲岛型、河口型、半自然型和人工型6种（Long and Mason，1983）。

1.2 滨海盐沼的分布

从全球各气候带来看，滨海盐沼主要分布在温带地区，在寒带地区也有一定的分布（Long and Mason，1983；Chapman，1978）。从分布的大洲和大洋来看，滨海盐沼广泛分布于北美洲的大西洋海岸和太平洋海岸、南美洲的南部、欧洲的西海岸、大洋洲、东亚和东北亚的太平洋海岸以及非洲的南端（Long and Mason，1983；Chapman，1978；Saintilan，2009a）。

在我国，滨海盐沼在沿海各省（自治区、直辖市）均有分布，主要分布在山东省、江苏省、上海市、浙江省和福建省等沿海区域，多数由岸向海呈条带状分布；辽宁省、河北省、天津市、广东省、广西壮族自治区、海南省等其他地区滨海盐沼分布面积相对较少，大部分呈零星、点状分布。此外，在河口地区，滨海盐沼分布较为广泛，黄河口和长江口区域分布着较为完整的滨海盐沼。

从全球范围来看，滨海盐沼植被最显著的分布特征是带状分布。总体而言，滨海盐沼植被的带状分布，是指在海滩上不同位置、不同高程的区域生长环境不同，芦苇、盐地碱蓬等不同的盐沼植物分布在自海向陆不同的带状区域上。

我国很多滨海盐沼表现出显著的植物带状分布现象。例如，在长江口区域，芦苇、海三棱藨草和入侵种互花米草是该区域的主要优势植物。在引入互花米草之前，长江河口滨海盐沼以芦苇和海三棱藨草的带状分布最为典型，芦苇和海三棱藨草的分带现象至今仍存在于崇明岛南岸等地区（Chen et al.，2004；Wilson et al.，2022），互花米草的入侵深刻改变了长江河口盐沼植物的分布格局。

在黄河三角洲地区，芦苇、盐地碱蓬、柽柳带状分布较为典型（He et al.，2009）。在黄河河口地区，盐地碱蓬广泛分布于互花米草带之外的整个盐沼区域，在基本脱离海水影响的地区主要以高地植物芦苇为主。

在辽河河口湿地，低潮滩盐沼以盐地碱蓬为主，之后是芦苇群落或者白刺群落，逐渐过渡到罗布麻、柽柳群落，并最终发展成羊草、拂子茅群落（Wilson et al., 2022）。

1.3　滨海盐沼植物群落的多样性特征

盐沼植被（Salt marsh vegetation）是指生长在盐沼中的植物群落。我国滨海盐沼中主要优势植物有芦苇（*Phragmites australis*）、互花米草（*Spartina alterniflora*）、海三棱藨草（*Scirpus mariqueter*）、盐地碱蓬（*Suaeda salsa*）、短叶茳芏（*Cyperus malaccensis*）等，其中互花米草被列入第一批中国外来入侵物种名单。

滨海盐沼植物高度、密度和盖度因种类和分布区域的不同而有所差异（Adam，1990）。滨海盐沼生境的高盐分、高潮汐作用频次以及环境条件的高度不稳定性超出了大多数陆生植物的耐受范围，仅有少数对滨海盐沼恶劣环境条件具有非常强耐受力的植物，如禾本科、藜科、灯芯草科和莎草科等，才能在滨海盐沼中生存并繁衍（Adam，1990）。

1.4 影响滨海盐沼生态系统的环境因子

滨海盐沼最为显著的特点之一就是随高程变化而急剧变化的环境梯度。影响滨海盐沼生态系统的环境因子众多,包括潮汐作用、土壤盐分、氧化还原电位、硫化物以及各种类型的干扰等,但是潮汐作用(与土壤氧化还原电位相关)和土壤盐分被广泛认为是最主要的两个环境因子,二者共同决定了滨海盐沼生物分布的基本模式。

潮汐作用。受海洋潮汐周期性或间歇性的影响是滨海盐沼最为显著的特点之一。一般情况下可以将滨海盐沼分为低潮滩盐沼、中潮滩盐沼和高潮滩盐沼。低潮滩盐沼是指位于平均小潮高潮位和平均高潮位之间的部分,中潮滩盐沼是指位于平均高潮位和平均大潮高潮位之间的部分,高潮滩盐沼是指平均大潮高潮位以上的部分(Long and Mason,1983)。在对滨海盐沼的不同生境进行划分时,还应综合考虑高程、代表性物种等。

土壤含盐量。除潮汐作用外,土壤含盐量是影响滨海盐沼生态系统的又一重要的非生物因子。通常盐度梯度受潮汐作用影响,即潮汐作用频繁的地区,含盐量往往较高,通常接近海水盐度;而潮汐作用较少的地区,含盐量往往较低,即随着自海向陆高程的逐渐增加,含盐量随潮汐作用的减小而减少。但是,某些沿海区域的盐度分布模式不同。例如,在美国南部大西洋海岸等地区,中、高潮滩盐沼含盐量往往远高于邻近的低潮滩盐沼和高地,形成中高潮滩含盐量的峰值(Wang et al.,2007;Pennings et al.,2005)。

在时间尺度上,滨海盐沼的土壤盐分往往存在显著的季节变化和年际变化,主要受潮汐频率、气温、降水、蒸散发、地下水和地表水输入、植被盖度等因素影响。在不同地区的滨海盐沼或同一盐沼的不同生境,盐分变化的具体模式也不尽相同。

地形变化。滨海盐沼地表并不总是平坦或渐变的,由于微地形变化影响到潮汐作用、地表径流等因素，它对滨海盐沼生态系统具有同样重要的影响。

这些微地形上的变化主要包括：盐盘，指滨海盐沼中几乎不存在植被的地区，通常是低洼地区，大小可以从几平方米到几百平方米，大潮后或强降雨后的很长一段时间，这些地区通常长期积水，但在旱季的小潮期间，这些盐池干涸后在地表形成一层结晶盐（Long and Mason，1983）；潮沟，由于潮汐作用而形成的潮水通道，可分为一级、二级、三级等；盐沼崖，由于海水侵蚀超过沉积作用而形成的微型峭壁等。

1.5 滨海盐沼生态系统服务功能

滨海盐沼生态系统拥有较高的生物生产力和物种多样性，具有天然的生态价值、社会服务功能及抵御风暴潮灾害、固滩护岸等海岸防护和防灾减灾功能。滨海盐沼是公认的蓝碳生态系统之一，是生态碳汇的重要来源。

维持生物多样性。滨海盐沼是世界上初级生产力最高的生态系统之一，是众多海洋生物至关重要的有机物质和营养物质的主要来源，在维持全球生物多样性中具有重要作用。滨海盐沼是海洋和陆地之间的过渡地带，拥有丰富的水文和地理条件，是多种生物的栖息地。同时，滨海盐沼地区是众多海洋生物的产卵场、索饵场、越冬场和洄游通道，并且可以为邻近生境的野生动物和鱼类以及大量底栖生物提供生存、穴居和繁衍的庇护场所。此外，滨海盐沼是全球多种重要候鸟迁徙的路线区域，拥有较高的物种多样性，具有天然的生态价值和社会服务功能（Grime，1977）。

提供物质产品。滨海盐沼生态系统提供的物质产品包括植被资源及各种底栖动物资源，植被资源能够用作肥料、饲料、燃料等，多种底栖生物资源（如沙蚕、弹涂鱼和青蟹等），为人们提供了丰富的食物和经济收益，是沿海地区的重要经济资源。研究表明，滨海盐沼生态系统还具有较高的药用价值。

海岸防护与防灾减灾。滨海盐沼是陆地和海洋之间的动态缓冲地区，是天然的绿色屏障。滨海盐沼大部分植被具有较强的柔韧性且根系发达，可以在潮滩上形成一道软屏障，在一定程度上减弱台风风暴潮的冲击，减少波浪和水流的冲击力和侵蚀，并且使大量沉积物得以沉淀，有助于维持沿海地形的稳定（Grime，1977）。

碳汇功能。滨海盐沼是重要的碳封存区，植物通过光合作用吸收二氧化碳并将其储存为有机物质。滨海盐沼植物的生物量可以在沉积物中长期储存碳，对减缓气候变化起到积极作用（Chmura，2013）。

水质净化。滨海盐沼在水体循环中起着重要的净化作用，植物根系能够过滤并吸收水中的污染物质（如重金属、有机物和营养物质等），有助于改善水质，减少水体中的污染物含量（中国科学院中国植物志编辑委员会，1993）。随着陆地上大量废渣、废水、废气等污染物经过海岸带向海洋倾倒排放，滨海盐沼可以对各种污染物质进行吸收和同化，在一定程度上减弱海洋污染。

1.6 滨海盐沼的主要威胁因素

调查发现，我国滨海盐沼生态系统面临人类开发活动、外来物种入侵、自然灾害等多方面威胁。

（1）海岸工程建设、过度捕捞等人类开发活动

人类开发活动对滨海盐沼生态系统的影响尤为突出。海岸工程建设、滩涂养殖等人类开发活动往往侵占滨海盐沼生态系统的生长空间。污染物排放可能造成滨海盐沼生境的破坏。部分区域建设的海堤工程割裂了滨海盐沼生态系统的完整性，可能造成其生态系统退化。过度捕捞可能导致滨海盐沼生态系统底栖生物群落结构改变。

（2）互花米草等外来物种入侵

互花米草具有高适应性、繁殖扩散能力强等特点，近年来在我国沿海地区扩张迅速，严重挤压了本土滨海盐沼物种的生存空间，在我国多数沿海地区造成了较为严重的生态入侵。互花米草入侵深刻改变了我国某些区域的滨海盐沼植物带状分布格局，众多区域的芦苇、海三棱藨草等本土盐沼植物已经被互花米草取代。

（3）风暴潮、海平面上升等自然因素

滨海盐沼生态系统会受到风暴潮、海平面上升等灾害影响。在海平面上升的影响下，部分地区的滨海盐沼生态系统可能会逐渐向陆侧迁移演变。如果遇到海堤等人工构筑物，生态系统的迁移过程可能受阻，将面临退化的风险。

1.7 滨海盐沼植物

（1）芦苇（*Phragmites australis*）

芦苇是禾本科芦苇属多年生的草本植物，有发达的根茎，茎中空光滑；叶片披针状线形，排列成两行；圆锥状花序微向下弯垂，下部枝腋间有白色柔毛；果实呈披针形（图1）。

芦苇是多年水生或湿生的高大草本植物。据记载，芦苇属在世界范围内有10个种，在中国有3个种。芦苇属植物具有发达根状茎，营养繁殖力强，天然种群以根茎繁殖进行补充更新，在适宜环境条件下可形成单优种群。普通芦苇一般株高2.5 m以上，一般2月中旬前后开始萌发，7月至9月开花，10月结实而逐渐枯黄。芦苇具有广泛的适应性，在淡水、碱性、轻盐性的湿地都有分布，常见于江河湖泽、池塘沟渠沿岸和低湿地。在我国，芦苇自东部沿海滩涂到西部大陆性内陆湖沼，从南部亚热带到北部温寒带，均有大面积生长。芦苇湿地具有重要的生态服务功能，为鸟类等众多生物提供重要的生境和繁殖场所。

图1　芦苇

(2) 盐地碱蓬（*Suaeda salsa*）

盐地碱蓬是藜科碱蓬属草本积盐植物，茎直立，有红色条纹，多级分枝，枝细长，斜伸或开展，叶线形，对生（图2至图5）。全球碱蓬属植物有100余种，广泛分布于世界各地。目前，我国统计的碱蓬属植物共有20种及1个变种。碱蓬属植物一般生于海滨、湖边、荒漠等区域的盐碱地上，是一种典型的盐碱指示植物，也是由陆地向海岸方向发展的先锋植物。盐地碱蓬株高一般为20～60 cm，正常年份一般在3月上中旬至6月上旬出苗，7月至8月为花期，9月至10月为结实期，11月初种子完全成熟。沿海地区的盐地碱蓬广泛分布于辽宁、河北、天津、山东、江苏、上海、浙江等地。

盐地碱蓬具有变色能力。盐地碱蓬的颜色受控于含盐量和环境温度的双重影响，在盐度变化不大的滨海湿地自然环境中，光照和温度则是影响甜菜红素含量的主要因子。盐地碱蓬的变色能力主要来自甜菜红素。盐地碱蓬生长环境中的盐分，对植株生长会产生逆境盐胁迫压力，为了在盐土逆境中更好地生存，盐地碱蓬用积累甜菜红素的方式抵御高盐等胁迫环境。甜菜红素的积累可以减少光能的吸收、传递，避免氧化胁迫。秋季环境温度的降低，导致盐地碱蓬体内叶绿素含量减少，而体内累积的甜菜红素却日趋显现。随着夏、秋季节的转变，温度、光照以及pH均发生变化，潮间带盐地碱蓬的颜色亦由浅到深，成熟后变为紫红色。

盐地碱蓬具有重要的生态服务功能，在盐地土壤中种植后对土壤起到积极的修复作用，能够增加土壤养分含量、改善土壤肥力，有利于自然生态环境的恢复，而且成本较低、来源广泛，对生态环境修复具有重要的现实意义。

图2 盐地碱蓬种子

图3 盐地碱蓬幼苗

图 4　低盐度地块盐地碱蓬（左）和高盐度地块盐地碱蓬（右）

图 5　盐地碱蓬

（3）海三棱藨草（*Scirpus mariqueter*）

海三棱藨草是莎草科藨草属多年生盐生草本植物（图6），秆散生，株高一般为20～100 cm；叶片光滑，呈三棱形；初期有叶鞘2～3枚，鞘膜质，最上一个鞘顶具叶片；穗状花序，种子为倒卵形或广倒卵形，平凸状，具极短的小尖，成熟时一般为深褐色；球茎为椭圆形或卵形，通常分布于地表10 cm以下（中国科学院中国植物志编辑委员会，1993）。海三棱藨草一般在3月下旬萌发，6月中旬植株开花，花期为整个夏季，花期过程中植株结实，其繁殖方式分为无性繁殖和有性繁殖两种，无性繁殖主要通过球茎和根茎进行，有性繁殖通过结实产生种子进行。

海三棱藨草是中国的特有种，主要分布于潮间带高潮滩的下部和中潮滩的上部，其在中潮滩分布最广，密度及单株生物量最大。海三棱藨草最主要的分布区域为长江口与杭州湾的盐沼湿地，在河北、江苏等沿海区域均有分布。海三棱藨草盐沼湿地是鸻鹬类等水鸟的重要栖息场所，具有重要的生态服务功能。

图6　海三棱藨草

(4) 短叶茳芏 （*Cyperus malaccensis*）

短叶茳芏是莎草科莎草属植物（图7），匍匐根状茎长，木质；秆呈锐三棱形，平滑；基部具 1 ~ 2 片叶；叶片稍短，平张；叶鞘略长，包裹着秆的下部，棕色；苞片 3 枚，叶状，短于花序；长侧枝聚伞花序复出或多次复出；小坚果狭长圆形，三棱形，几与鳞片等长，成熟时为黑褐色（中国科学院中国植物志编辑委员会，1993）。

短叶茳芏株高一般可达 1.5 m 以上，地下根茎发达，根系密集，具

图7　短叶茳芏

有较强的光合固碳能力。短叶茳芏主要分布在中高潮滩，一般3月至5月为幼苗期，6月至8月为迅速生长期，9月至10月生长基本完成，地上鲜生物量达到一年最大值，11月至次年2月部分植株迅速枯萎，但仍有相当比例的绿色植株存在。在沿海地区，短叶茳芏在福建、广东、广西等省（区）分布相对较多，尤其是广西钦江、茅岭江、大风江和南流江一带分布面积较大。短叶茳芏具有重要的生态服务功能。

2 修复原则

开展滨海盐沼生态减灾修复工作应满足以下原则：

(1) 因地制宜，分类施策

我国滨海盐沼分布广泛，不同地区自然禀赋因地而异，生态系统退化原因有所不同，修复工作应根据地理位置、气候特点、植物类型等，统筹考虑功能需求、技术条件、经济基础等因素，制定合适的生态修复布局、实施策略和技术路线，因地制宜、分类施策，合理开展生态修复工程。

(2) 自然恢复为主，人工修复为辅

遵循生态学原则，遵循滨海盐沼等自然生态系统内在机理和演替规律，维护生态系统多样性和连通性，注重生态系统的自我修复能力，减少人类活动产生的不必要干扰；在生态系统自然恢复不能实现的条件下，充分结合现有的自然条件，采取适当的人工辅助措施，根据生态系统自身的演替规律分步骤、分阶段进行，促进生态系统恢复。

(3) 系统性整体修复，生态与减灾协同增效

从生态系统完整性出发，统筹考虑滨海盐沼陆海之间的相互影响，以提升生态系统服务功能和海岸带韧性为目标，充分考虑生态修复活动空间上的系统性和时间

上的连续性，达到水文、土壤、植被、生物多元和谐演进，促进海岸带生态与减灾的协同增效。

（4）风险可控，效益最大

对修复活动进行系统综合的分析、论证，充分考虑生态系统的复杂性和某些环境要素的突变性，避免修复活动对修复区域和周边区域造成负面影响，将风险降到最低程度；同时，应最大限度地做到在最小风险、最小投资的情况下获得最大效益，在考虑生态和减灾效益的同时，还应结合社会、经济效益，最终实现生态、减灾、社会、经济效益最大化。

3 总体技术流程

滨海盐沼生态减灾修复的总体技术流程包括生态本底调查、生态问题诊断、修复目标确定、修复方式确定、修复方案制定、修复工程实施、跟踪监测与效果评估以及适应性管理等技术环节，具体工作流程如图8所示。

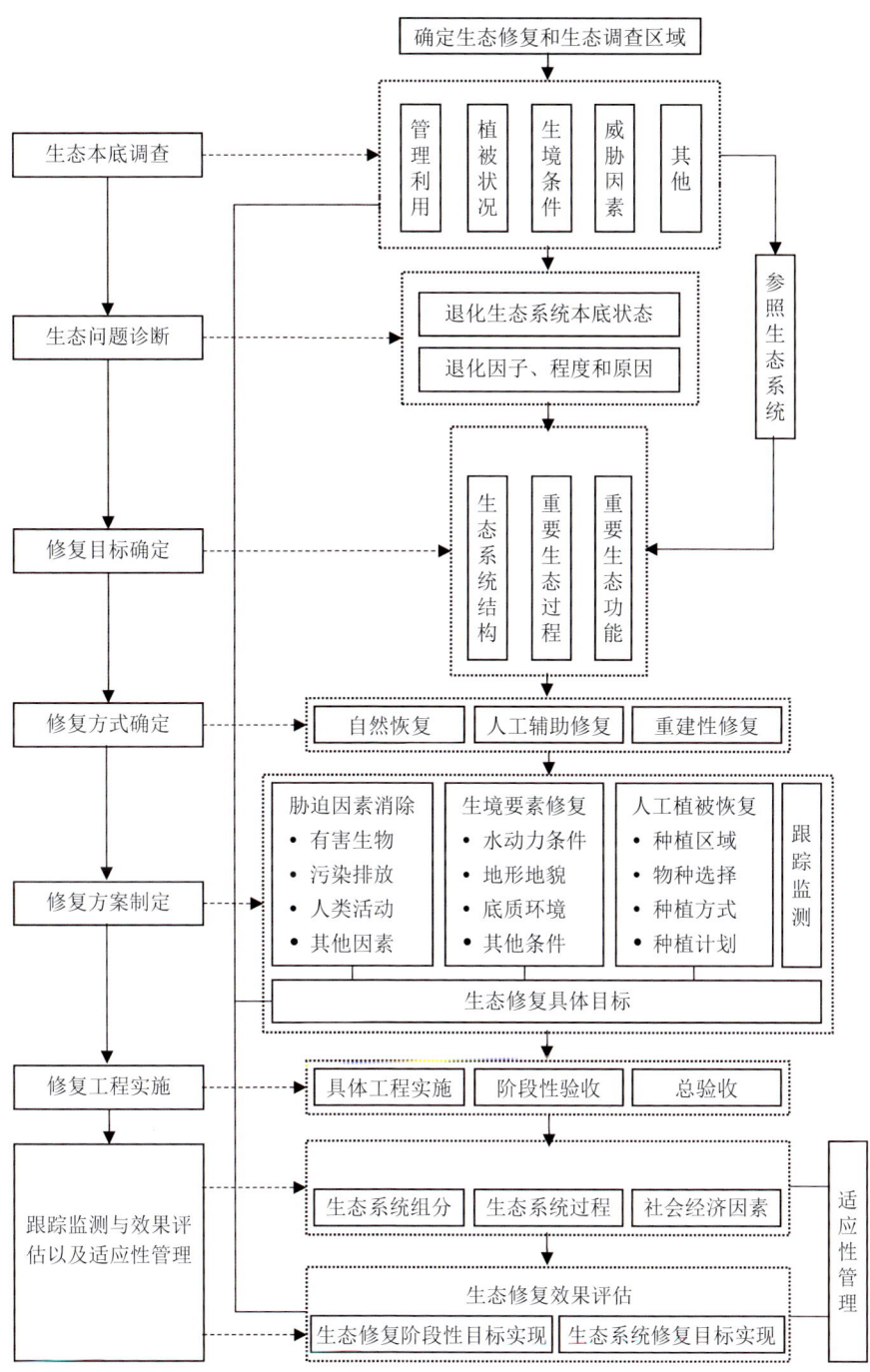

图 8 滨海盐沼生态减灾修复工作流程

3 总体技术流程

4 本底调查

4.1 调查目的

生态本底调查的目的是掌握滨海盐沼生态系统现状，了解历史上该区域盐沼植被的分布情况，为分析修复区盐沼植被退化程度、制定修复目标、确定修复方式、制定生态修复方案提供依据，同时为滨海盐沼修复效果评估提供对比数据。

4.2 调查内容

生态本底调查应对拟修复的区域开展综合调查，以掌握修复前生态系统的本底状况。滨海盐沼本底调查的主要内容包括区域状况、盐沼植被、生境条件、威胁因素以及减灾能力、固碳储碳等重要生态功能（表1）。此外，需要收集整理历史参照滨海盐沼生态系统的本底调查等资料。

表1　滨海盐沼生态本底调查的内容和指标

类别	调查要素	指标	调查方式
区域状况	地理属性	具体位置、地理坐标	资料收集和遥感调查
	环境概况	自然条件、生态特征、环境现状	现场调查
	政策法规	法律法规、规划	资料收集
	保护修复和利用现状	修复区域所有权属、使用现状、国土空间规划,其他重要生境保护现状等	资料收集
盐沼植被	盐沼	面积、分布、植被带宽度	遥感调查和现场核查
	植物群落	种类、密度、盖度、平均高度、地上生物量、净初级生产力	现场调查
	植被自然更新	物候、繁殖体产量、幼苗数量等	现场调查
环境要素	底质环境	粒度、水溶性盐总量、pH值、有机碳、氧化还原电位、总氮、总磷、硫化物	现场调查
	水质环境	浑浊度、溶解氧、pH值、有机碳、铵盐、硝酸盐、亚硝酸盐、活性磷酸盐	现场调查
	水文环境	温度、盐度、潮汐潮流、波浪	现场调查
	地形地貌	水深、高程、地貌单元（海岸带类型）	现场调查
生物群落	大型底栖动物	种类、密度、生物量	现场调查
	鸟类	种类、数量	现场调查
威胁因素	自然因素	自然灾害、海平面变化、海岸侵蚀、外来物种入侵等	资料收集、现场调查、社会调查等
	人为因素	水产养殖活动、放牧活动、渔业捕捞、海岸带工程、排污状况、周边资源利用情况、旅游开发活动、外来物种入侵等	资料收集、现场调查、社会调查等
重要生态功能	防灾减灾功能	消浪弱流、固岸护滩等防灾减灾和海岸防护功能	资料收集和现场调查
	固碳增汇功能	碳储量：生物量碳密度、死亡有机物质碳密度、沉积物碳密度	资料收集、现场调查、社会调查等
		碳汇量：碳埋藏速率、生长速率和根冠比（木本植物）、碳通量、甲烷等温室气体排放因子等	资料收集、现场调查、社会调查等

4.3 调查方法

生态本底调查主要通过资料收集、遥感分析和现场调查等方式进行。针对区域状况、盐沼植被、环境要素、生物群落、威胁因素以及重要生态过程和功能等不同调查内容而采取的调查方法，具体如下。

4.3.1 区域状况

采用资料收集、现场调查等方式，了解拟修复项目所涉及的区域及其周边区域的国土空间规划和生态红线区域保护规划等相关规划、生态系统相关的保护管理现状、区域权属状况以及土地利用现状和海域使用权证等，分析滨海盐沼生态修复潜在的社会影响和利益相关者，掌握拟修复区域的总体状况。

4.3.2 盐沼植被

滨海盐沼植被调查是生态本底调查的关键内容之一。盐沼面积、分布等指标通过遥感调查和现场核查获取；盐沼植被带宽度按照盐沼生境在垂直海岸线方向上的平均长度计算；样

地平均盖度以各样方盖度的平均值表示；地上生物量是通过测量收获样方内植物的地上部分得出。

植物群落特征采用现场调查的方式。在盐沼区域合理选取代表性调查断面，并布设调查站位。现场调查断面站位布设时应遵循全面性、典型性和代表性的原则。具体而言，断面站位的数量应综合考虑分布面积、位置及植物种类等因素。布设断面时应在空间上涵盖整个调查区域，包含所有代表性的植物群落类型，且保证调查区内典型和特殊植物群落得到重点和详细的调查，使调查断面布局均衡，能够反映调查区盐沼植被

的全貌，同时为群落复查和长期监测等持续性管理提供依据。设置站位时，为全面反映植被分布的潮带，每一断面原则上至少设置 3 个调查站位，当断面未覆盖典型和特殊植物群落时，应单独布设调查站位。

同时，植物群落特征调查通过样地调查的方式进行。每个站位通常设置 1 个样地（如 10 m × 10 m），每个

样地可设置 5 个样方（通常布设于样地的四角和中心，见图 9），样方面积应根据植物种类及分布特征确定，一般样方面积为 1 m×1 m，当植物密度较高且分布均匀时，样方面积可为 0.5 m×0.5 m。样地内植物种类多样、分布不均匀时，应调查全部样方；植物种类单一、分布均匀时，调查样方数量应不少于 3 个（全国海洋标准化技术委员会，2023）。

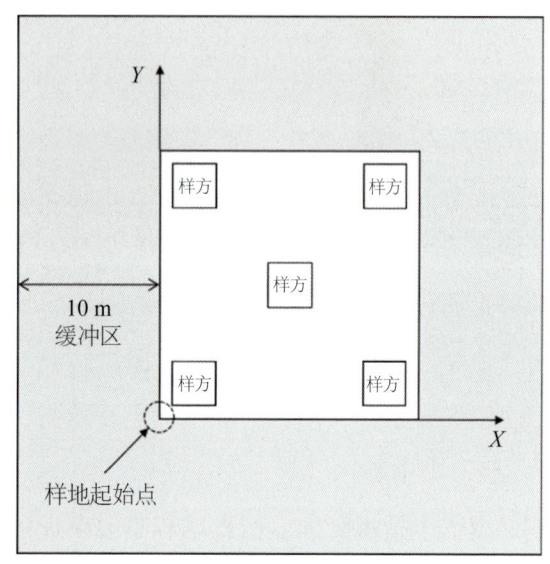

图 9　样地、样方设计图

4.3.3　环境要素

环境要素的调查包括底质环境、水质环境、水文环境和地形地貌等方面（见表 1）。如果环境要素数据不能通过收集资料获取，或现有数据不能满足判断滨海盐沼的生境适宜性的需要时，应通过现场调查获取数据。

底质环境调查应与植物群落样地调查同步开展，应在进行植物群落调查的样地内采集样品，每个站位采集 1 份样品。底质环境调查主要包括粒度、水溶性盐总量、pH 值、有机碳、氧化还原电位、总氮、总磷、硫化物等指标。采样工作应尽量避开低洼积水区，且采样时需先清除地

表凋落物，再以采样铲随机挖取0～15 cm的土壤/沉积物，然后通过实验室中物理或化学方法可以测定相关参数数值（国家海洋标准计量中心，2007；中华人民共和国农业部，2006）。

水质环境调查主要关注浑浊度、溶解氧、pH值、有机碳、铵盐、硝酸盐、亚硝酸盐和活性磷酸盐等指标，调查可与植物群落样地调查同步开展，各要素调查方法可按照相关技术标准确定（全国海洋标准化技术委员会，2007，2013）。

水文环境调查主要关注温度、盐度、潮汐潮流和波浪等指标，调查可与植物群落样地调查同步开展，各要素调查方法可按照相关技术标准确定（国家海洋标准计量中心，2007）。

地形地貌调查主要包括水深、高程和地貌单元等指标。地形地貌调查应覆盖断面上的代表性区域，可与植物群落样地调查同步开展，注意调查时需测量植物群落样地中心的高程（全国海洋标准化技术委员会，2017）。

4.3.4　生物群落

大型底栖动物群落调查可与植物群落样地调查同步开展。调查时需调查每个样方内大型底栖动物的种类、数量和生物量。鸟类调查包括种类和数量，各地应

根据本地物候特点确定调查时间（国家海洋标准计量中心，2007；中华人民共和国环境保护部，2014）。

4.3.5 威胁因素

自然威胁因素调查应收集调查区域对滨海盐沼分布和发育产生威胁的自然因素。我国海岸带区域滨海盐沼面临的常见自然威胁因素主要有台风、风暴潮、洪涝、海平面上升和海岸侵蚀等海洋灾害。自然威胁因素调查时，应记录调查区域是否受到了海洋灾害侵害，记录发生的频次、强度以及灾害损失等信息。

人为因素重点关注海岸工程、海水养殖、渔业捕捞、海水污染、周边资源利用情况、旅游开发活动和外来物种入侵等，可通过资料收集、现场调查和社会调查等方式获取。

4.3.6　防灾减灾功能

研究和现场观测表明，滨海盐沼发挥着重要的消浪弱流等减弱海洋动力灾害的海洋防灾减灾功能，通常可以用消波能力（例如，近岸波浪通过一定宽度的滨海盐沼后其波高的衰减）表征其海洋减灾的能力。

滨海盐沼的海洋减灾能力评估通常需要现场调查数据的支撑。滨海盐沼减灾能力现场调查通常采取断面观测方式，断面应尽量与波浪来波方向平行（通常垂直于海岸方向），并且应当遵循能较好地反映整个区域盐沼特征的原则选取。当盐沼分布区域特征差异较大时，应选取多个断面。在每个断面上布设典型站位，通常每个断面布设的站位不少于两个，分别位于盐沼分布区向海一侧边缘处（向海点）和向陆一侧边缘处（向陆点），现场观测要素包括向海点和向陆点处的波高和水位。当观测时段选取台风、风暴潮等灾害过程时，应尽量包含整个灾害影响期间（全国海洋标准化技术委员会，2023）。

5 问题诊断与修复适宜性评估

5.1 问题诊断

在生态本底调查结果的基础上，综合分析滨海盐沼植被、生境条件、生物群落等方面的状况，诊断待修复区域存在的主要生态问题。滨海盐沼生态减灾修复的问题诊断内容主要包括生态退化的诊断和防灾减灾能力退化的诊断等方面。

（1）生态退化的诊断

滨海盐沼生态退化问题诊断主要包括区域内植被和生物群落的退化因子、退化程度及退化原因等。针对滨海盐沼退化区域，通过退化盐沼和历史参照生态系统的对比，识别退化因子，分析退化程度，研判引起生态问题的主控因素，评估导致滨海盐沼退化的原因，探究退化因子自我恢复的可能性以及人工修复的必要性，进一步判断退化盐沼的可修复性，并综合分析开展滨海盐沼修复所需要的必备要素（如某一生境因子、生物因子或生态过程等）。特别是在诊断生态问题和成因时，应着重判断其生境条件是否适宜滨海盐沼植物的生长，如不适宜，应进一步明确是否可修复至适宜的条件。滨海盐沼退化的常见表象主要包括植被衰退、岸滩侵蚀、土壤盐渍化、外来物种入侵和水质污染等。

（2）防灾减灾能力退化的诊断

滨海盐沼防灾减灾能力的退化通常与生态退化相辅相成，主要表征为盐沼植被的退化，包括面积衰退、植株密度和盖度减少以及植被带宽度减小等方面。滨海盐沼防灾减灾能力的退化因子和退化原因基本上与植被等生态退化相一致。滨海盐沼防灾减灾能力退化程度可以通过现场调查、数值模拟、物理模型实验等方式进行量化评估，根据盐沼植被宽度、密度和高度以及植物种类等因素的变化，获取与历史参照生态系统相比较的防灾减灾能力退化诊断评估结果。

以下为常见的滨海盐沼退化的表象：
- 滨海盐沼植被衰退、死亡或丧失；
- 区域内土壤高度盐渍化；
- 岸滩侵蚀造成滨海盐沼不断蚀退；
- 互花米草等外来物种暴发，本土植被、鸟类生境丧失；
- 小型蟹类大量滋生，发生蟹害，导致滨海盐沼植被退化；
- 滨海盐沼湿地水体发臭、发黑；
- 滨海盐沼湿地绿藻暴发；
- 滨海盐沼湿地内堆积大量海漂垃圾；
- 潮沟发生堵塞；
- 土壤重金属超标。

5.2 修复适宜性评估

根据问题诊断的结果，开展滨海盐沼生态减灾修复适宜性综合评估。评估的内容主要包括：

滨海盐沼受损机理分析：包括植被和生物群落的受损情况、周边人类活动、岸滩侵蚀、外来物种入侵和水质污染等成因；

政策规划适宜性分析：滨海盐沼修复选址应符合但不限于政策法规、海洋功能区划、海域使用规划、国土空间规划和城市建设规划等政策规划的要求；

水文环境适宜性分析：采用现场调查和数值模拟等手段，分析修复区及其周边海域的温度、盐度、潮汐、波浪和海流等水文水动力条件对盐沼植物生长的潜在影响，研判修复的适宜性；

地形地貌适宜性分析：分析修复区域是否具备适宜条件，或通过人工措施形成适宜盐沼植物生长的地形地貌环境；

水质底质环境适宜性分析：分析修复区域水质条件、沉积物等是否满足修复需求，分析修复施工对生态敏感目标和后续区域生态系统演化的影响。

6 修复目标

　　滨海盐沼湿地修复的总体目标是采用适当的技术措施，逐步恢复退化湿地生态系统的结构和功能，最终达到湿地生态系统的自我持续状态。滨海盐沼修复的目标应在全面分析和诊断修复区域生态系统退化的主要问题的基础上，结合区域特征和经济条件等综合因素，并充分考虑生态系统及其参数的恢复轨迹，设定阶段性目标。对于不同区域的退化湿地生态系统，其修复目标的侧重点和要求也有所不同。总体而言，修复目标包括中长期目标和短期目标，分别反映了修复达到不同预期的状态和水平。

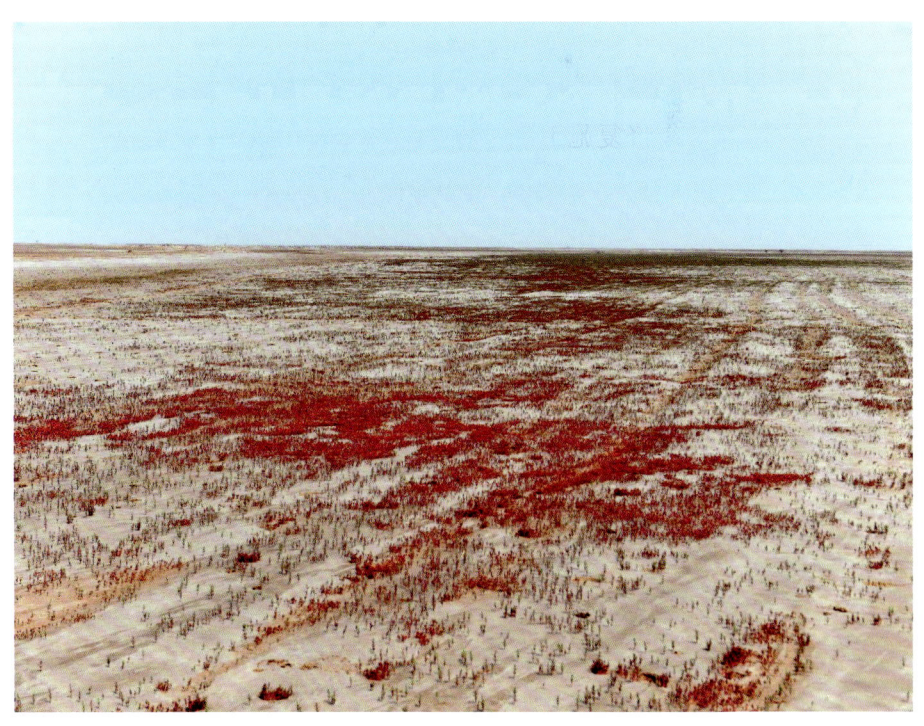

6.1 中长期目标

中长期目标反映了经过一定时期修复后的滨海盐沼生态系统预期达到的状态及水平。总体上应考虑自然环境、生物群落、重要生态过程以及防灾减灾等重要生态服务功能的恢复等方面。设定目标时应明确对应的生态系统参数并量化其恢复的水平，一般情况下，滨海盐沼自然环境和生物群落因子的中长期目标的实现期限可设定为3~5年，重要生态过程和生态服务功能恢复的实现期限以5~10年为宜。

中长期目标的设定可参考以下内容：

生物群落的恢复：植被、底栖生物、鸟类、微生物和鱼类等；

重要生态过程的恢复：沉积、初级生产、植被更新、凋落物的周转、与周边水体环境的生物和化学物质的交换等；

重要生态服务功能的恢复：维持生物多样性、净化环境、减灾能力和固碳增汇等；

区域社会经济的可持续发展：充分考虑公众的要求和政策的合理性，实现生态、减灾、社会和经济因素相互促进和可持续发展。

6.2 短期目标

短期目标应根据中长期目标在短时期内要实现的具体修复目标来进一步明确。短期目标通常反映在修复工程实施的期限内或者修复后的初期阶段，被修复的具体对象和生态系统要素预期达到的水平。短期目标总体上应着重考虑生境条件和植被恢复以及威胁因素消除等方面内容。滨海盐沼修复的短期目标的实现期限以 1～2 年为宜，具体目标可结合修复实施的具体内容进行设定，主要包括以下具体内容：

植被修复：自然恢复或修复的滨海盐沼植被面积、斑块、物种数量、覆盖度、密度和高度等；

生境条件修复：水文动力条件、水体环境、底质环境、沉积物营养状况和高程等；

威胁因素的消除：修复区域人为破坏活动、海岸工程、污染物排放、外来物种、病虫害、污损生物和海漂垃圾等。

7 修复方式

7.1 生境修复

滨海盐沼湿地生境是指湿地内生物生活栖息的生态环境。生境修复是通过采取各类技术措施,改善水体和底质环境质量,提高生境的异质性和稳定性,为湿地生物恢复提供适宜的生存环境,促进盐沼生态系统的稳定运行。滨海盐沼生境修复包括湿地水文水动力条件修复、湿地微地形整饰、底质修复和水质改善等方式。

7.2 植被修复

滨海盐沼植被修复主要采取自然恢复、人工修复等方式,可根据滨海盐沼植被退化现状具体实施。自然恢复主要采取去除外界压力或干扰、封滩保育等方式,促进植被的自然恢复。如果修复的区域无法通过自然

再生能力实现植被自然恢复，可采用人工种植等方式修复盐沼植被。

7.3 外来物种入侵治理

互花米草是我国本土滨海盐沼威胁最大的外来物种，由于其生态位宽，繁殖方式多样，在某些滨海区域不断扩张。互花米草的快速扩张导致某些区域的本土滨海盐沼植物生境和鸟类栖息地不断丧失。针对外来物种入侵，应开展互花米草综合整治，并结合生境修复、植被修复等方式进一步开展滨海盐沼修复。

8 修复措施

8.1 生境修复

滨海盐沼区域的生境退化、丧失等问题通常表现在潮汐交换通道受阻、底质类型改变、海岸侵蚀、滩涂地形地貌改变等方面。在生境条件不能满足滨海盐沼区域内生物栖息生存时,需要对生境进行修复,改善修复区域的生境条件。生境修复的措施主要包括湿地水文水动力条件修复、湿地微地形整饰、底质修复和水质改善等方式,促进盐沼植被的自然恢复或结合人工修复的方式开展滨海盐沼修复,具体应根据修复区域的生境和修复物种的生境条件要求,对一种或者多种生境条件进行修复。

8.1.1　湿地水文水动力条件修复技术

滨海盐沼湿地水文水动力条件修复技术主要包括水系连通技术、咸淡水调控技术和消波护岸技术，具体应根据修复区域水文水动力条件现状实施相应的修复措施。

> **滨海地区芦苇生境条件**
>
> 芦苇一般水生或湿生，结合芦苇在我国滨海湿地的分布状况，芦苇种植区域一般为潮汐动力较弱的淤泥质河口区域及潮间带滩涂，高于当地平均海平面。土壤盐度是影响芦苇生长发育的重要因子，土壤含盐量一般不超过 4~9 g/kg。芦苇对温度适应性较强，能够在不同气候条件下生长，但通常生长温度在 15~30℃之间最为适宜。芦苇对土壤 pH 值的要求较宽松，一般在 6~8 之间的中性至碱性土壤中都能生长良好。
>
>

滨海区域的盐地碱蓬生境条件

滨海区域的盐地碱蓬基本集中在潮间带上,平均高度一般为 20~50 cm,密度一般为 100~1 000 株/m²。盐地碱蓬对盐分的耐受程度较高,土壤盐度一般为 0.5~20 g/kg,日平均淹水时间在 2 h 左右,对温度适应性较强,充足的光照有利于盐地碱蓬的生长和进行光合作用。

海三棱藨草生境条件

海三棱藨草是莎草科藨草属多年生草本植物,一般高度为 25~40 cm,对盐碱土壤的适应力很强,能够耐受高盐浓度和潮湿环境。

短叶茳芏生境条件

短叶茳芏是莎草科莎草属植物，适宜潮汐动力弱的潮滩区域，秆高为 80~100 cm，基底从沙质到淤泥质均可。短叶茳芏喜温暖湿润气候，萌芽出苗的起点温度为 8~10℃，生长最适温度为 24~28℃。

（1）水系连通技术

滨海盐沼区域的水系连通主要以潮沟为媒介，根据水文相关各因素的循环交换程度，连通两个或多个地理单元上的众多物质流，促进水陆相互作用，调节湿地水流分配，提升湿地持水时间，加速区域的水流、植被、生物、土壤泥沙和营养盐等物质的交换，构成整体盐沼区域生态环境系统的循环输移过程。

在实施水系连通措施过程中,应充分考虑湿地的潮汐、潮流、波浪等水动力条件,在现有潮汐汊道、沟渠、支流的基础上,因地制宜设计一级、二级等不同级数的潮沟,必要时可结合水文模型,确定潮沟的平面形态、截面形态、级数、密度等特征,通过疏通支流和沟渠等方式,改善水系连通性,使滨海盐沼湿地的潮汐水系得到有效修复。

① 潮沟系统平面形态设计

潮沟系统的平面形态主要分为树状、平行、支流状和辫状等不同形态。在实际修复时,可参考修复区域内和附近区域的现状或历史潮沟的平面形态,确定拟修复潮沟的平面形态。

② 潮沟截面形态设计

潮沟横剖面的断面形状通常分为 V 形(楔形)和 U 形。在实际修复时,可将拟修复的潮沟断面设计成两者相结合的梯形截面形态,该形态兼有稳定的边坡和一定的纳潮量。通常情况下,潮沟的深度与宽度存在一定的联系(宽深比),一般滨海盐沼湿地潮沟宽深比为 5~8(不

同区域、不同盐沼植物种类的潮沟宽深比有所不同）。在实际修复时，潮沟宽度、深度的确定可根据潮沟系统内健康的各级潮沟平均宽度确定。

③ 潮沟级数设计

滨海盐沼区域潮沟的分级，可将最大的主流视为一级潮沟，汇入主流的支流作为二级潮沟，以此类推。在实际修复时，可参考修复区域内以及附近区域的现状或历史潮沟级数确定拟修复潮沟的级数。一般来说，湿地的面积越大、水动力条件越强，其潮沟的级数越多。同时，实际修复时应避免设计过多级的潮沟，可根据实际情况设计主要的潮沟，而其他级别的小潮沟可后期通过滨海盐沼湿地的自我恢复能力进行自然恢复。

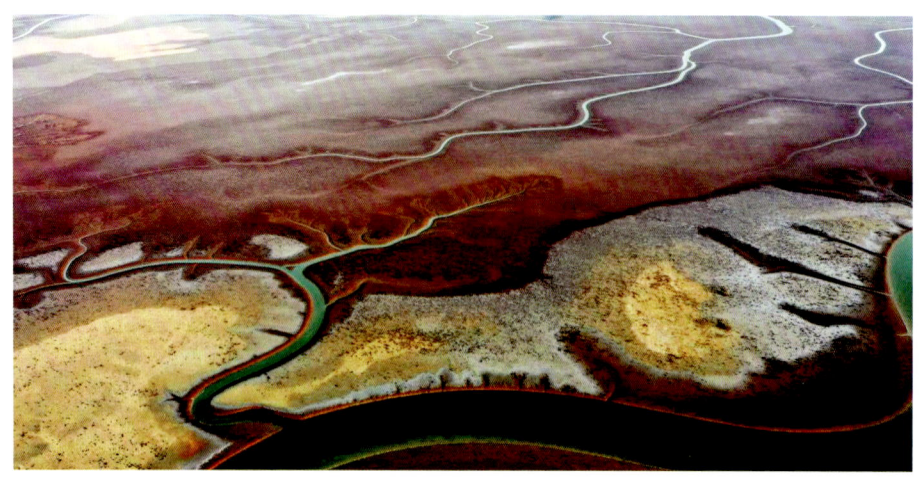

④ 潮沟密度设计

滨海盐沼区域潮沟的密度通常与区域的纳潮量、潮差、潮滩植被、沉积物的黏土含量等因素有关。在设计潮沟密度时，应根据修复区域的潮通量、潮差等环境现状进行判断，可参考修复区域内以及附近区域的现状或历史潮沟密度确定拟修复潮沟的密度。

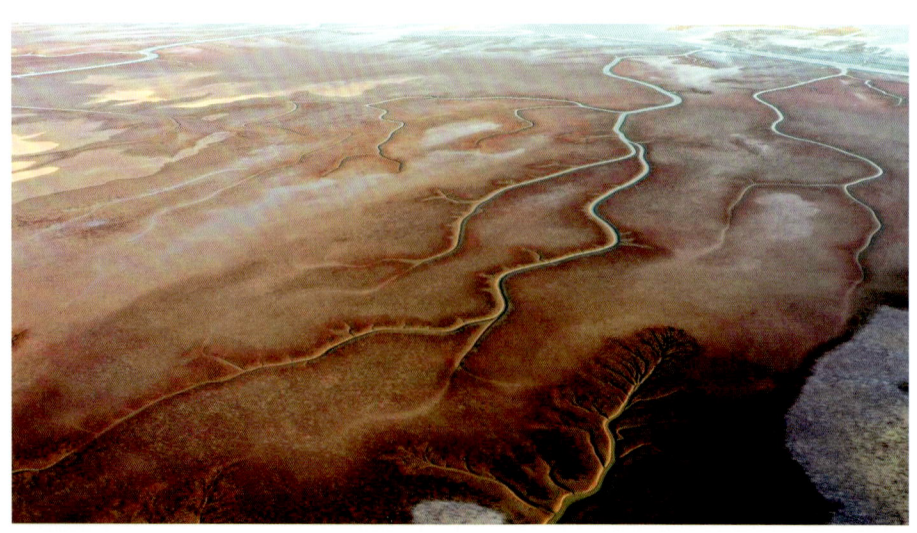

（2）咸淡水调控技术

湿地咸淡水调控技术是一种用于调节滨海盐沼湿地水质和水量的技术，旨在改善湿地的生态环境和生物多样性。该技术主要通过调整淡水和咸水的混合比例，使湿地内的水质和水量达到适宜的生态环境条件。湿地咸淡水调控技术的优点是能够提高湿地的水质和水量稳定性，改善湿地的生态环境，促进湿地植被的生长和繁衍。

针对咸淡水生境条件不适宜滨海盐沼植物生长的区域，需根据退化盐沼湿地的植物类型（如芦苇、盐地碱蓬等）等湿地特点和需求来确定淡水和咸水的供应比例，必要时可结合水文模型，对修复区域内的水动力、淡水量、盐度梯度等过程进行模拟，设计咸淡水调控方式，采取必要的技术措施，以达到修复后的适宜状态。

实际修复时，可通过引蓄淡水、恢复淡水地表径流、改变水源的咸淡比例等措施，提高湿地的水质净化、水沙调节等调节能力，改善湿地的生境质量与水体环境，从而有效修复退化的滨海盐沼湿地。

8.1.2 湿地微地形整饰技术

滨海盐沼湿地的微地形条件决定了盐沼湿地内的淹水深度、淹水频率及淹水时间,对湿地植物及其他生物的生长具有重要影响。在滨海盐沼湿地水系连通和咸淡水调控技术的基础上,针对局部区域的地形地貌变化,通过改变区域的高程、疏通支流和沟渠等措施,使修复后的局部区域地貌类型与整体区域地貌类型保持一致,从而提高生境的异质性和稳定性,增强修复湿地的韧性。必要时,需采取微地形整饰措施,重塑区域场地机理,逐步恢复自然生境。滨海盐沼湿地的微地形整饰一般可以从地形高程及坡度两方面展开,具体技术方法如下。

（1）地形高程改造修复技术

修复区域的地形高程与潮位之间的相对关系是影响滨海盐沼湿地植物生长的重要因子。在实际修复中，应将盐沼植物生长所需的地形高度阈值与湿地滩面现状地形高程进行对比，选择地形抬升或降低措施对滩面高程进行改造。测量地块高程见图10。

图10　测量地块高程

当现状地形高程小于目标滨海盐沼湿地植物生长所需的适宜地形高程阈值时，可以利用回填土抬升滩面高程。所选回填土的粒径大小、营养盐含量、重金属指标等各项土壤指标应满足需修复的盐沼植物的生长需求。

当现状地形高程大于目标滨海盐沼湿地植物生长所需的适宜地形高程阈值时，可以采用生态清淤等技术降低滩面高程。目前，生态清淤技术主要包含湿法疏浚与干法疏浚。湿法疏浚适用于符合清淤设备吃水深度的区域，通过环保绞吸船等方式进行疏浚，该方法疏浚精度较高，环境影响小,但是控制性较差,工艺较为复杂。干法疏浚适用于湿地重建或湿法疏浚无法开展的情况,可以通过设置围堰并将围堰内的水体抽干等方式进行基底疏浚,该方法可控性好、易操作、方便地形重塑,但是操作不当可能会影响原生湿地生态系统。

(2)地形坡度改造修复技术

地形坡度是滨海盐沼湿地微地形改造需要考虑的另一个重要因子,通过地形坡度的设置与改造可以重塑天然潮滩坡度,同时在滩面较窄时可以满足多种不同湿地植物生长的高程需求。

地形坡度改造与地形高程改造的原则一致,根据需要修复的滨海盐沼植物生长所需的最适地形坡度阈值确定。在有条件的情况下,可结合修复区域的水动力条件、高程、植被类型等因素,确定适宜的地形坡度,可参考周围湿地的地形坡度确定修复区域的地形坡度。但是,在实际工程应用中,通常为了方便施工,在自然动力较强的修复区域(潮水经常到达的区域),可以考虑把区域内的坡度设计为0°,经过一定的年限可自然形成坡度,而对于自然动力较弱的修复区域(潮水不易到达的区域)可以根据需要设计成一定坡度的形式。

8.1.3 底质修复技术

沉积物等底质环境对滨海盐沼湿地的形成具有至关重要的作用,是湿地的重要组成部分,同时也是滨海盐沼湿地植物及微生物等生息繁衍的重要基础。因此,滨海盐沼湿地底质修复在滨海盐沼修复过程中具有重要的作用。底质修复是在滨海盐沼湿地水文水动力条件和微地形整饰的基础上,以水动力作用为主导,辅以人工干预,使湿地底质的基本理化性质恢复到参照生态系统的相似状态。

在底质修复的过程中,应对现状下的底质条件各项理化指标(粒度、水溶性盐总量、pH值、有机碳、总氮、总磷等)开展调查评估,并将其与目标修复植物生长所需的适宜底质条件进行比较分析,确定滨海盐沼湿地的基底底质环境问题,并进一步采取相应的措施进行改造,使其接近退化前(或参照生态系统)的盐沼湿地底质环境,满足修复植物生长的需求。在实际修复过程中,可因地制宜采用深耕晒垡、调整地表高程、盐碱土改良(化学、植物和工程改良措施)、底质营养改良等物理或生物方法,改善滨海盐沼湿地的底质结构和营养条件。

8.1.4 水质改善技术

滨海盐沼区域的良好水质是维持生物生长和繁殖的必要生境条件。水质的恶化可能导致生物种群的存活和繁衍受到不利影响，从而对整个生态系统的稳定性构成威胁。因此，改善水质对于滨海盐沼湿地生态系统的健康和稳定至关重要，是生境修复的关键环节。

水质改善的过程涉及自然调节和人为净化技术的结合，旨在将水质条件恢复到与参照生态系统相似的状态。在实施水质改善的过程中，首先应该采取措施限制污染物的排放入海，加强对沿海工业和沿海城市的环保监管，促使其采用更环保的生产方式和废水处理等技术。同时，针对存在海滩垃圾的区域，应开展相应的海滩清理，清除垃圾和污染物，以减少对海洋生态系统的不利影响。其次，可以利用过滤装置、水文调控措施以及微生物菌剂调节等方法来改善水质，或根据需要适当调整水体的流动和混合，从而降低污染物的浓度，促进水体中有益微生物的生长繁殖，进一步改善水质。另外，加强监测与管理也至关重要，以确保水质条件能够持续向好发展。

8.2 植被修复

滨海盐沼植被修复主要采取自然恢复和人工修复两种方式。其中，自然恢复是优先选择的方式，主要采取降低人为活动干扰、去除外界压力、减少污染排放、封滩保育等措施，为生态系统创造可以自然恢复的条件，促进植被的自然恢复。人工修复通常是在修复区域无法通过自然再生能力实现植被自然恢复的情况下，采用人工种植等方式达到修复植被的目的。

人工种植应根据滨海盐沼不同植物类型，采用根、茎、种子繁殖等方式进行种植或移植，包括物种选择、种植方式和时间等关键技术。

对于滨海盐沼植物种类的选择，原则上应选择本地物种，并根据修复区域的自然地理条件确定目标植物，通常选用根系发达、适应盐碱环境、可以稳固土壤、提高水质等具有良好环境适应能力的植物。

在种植技术方面，应根据不同滨海盐沼植物的特征和耐盐、耐淹程度，选择合适的种植季节和种植方式，开展盐沼植被修复。

我国滨海盐沼本土优势植物类型主要包括芦苇、盐地碱蓬、海三棱藨草、短叶茳芏等。鉴于它们具有不同的特征，相应的种植技术措施也各有不同，其具体种植技术措施和技术要点介绍如下。

8.2.1 芦苇种植

我国滨海地区的芦苇种植一般采用移植方式，包括苇墩带土移植、根状茎移植、根状茎育苗移植、青芦苇带根移栽、茎秆扦插繁殖与移植等。

芦苇墩带土移植： 通过挖出的带土芦苇墩进行移植，移植时间一般为每年4月下旬至5月上旬（可根据不同地区、不同年份的气温条件调整）。通常栽植前挖好大于30 cm的沟或穴坑，密度约1 m×1 m，然后将芦苇墩放入沟、穴坑内，覆土踩实。

根状茎移植： 适用于地势较高的滨海盐沼修复区域。通常在每年4月至5月，根状茎上的分株芽开始发芽，可以选择好的根状茎进行繁殖，一般选取每段含有4~6个种芽、根状茎长度30~40 cm的自然生长的滨海芦苇群落，并及时喷洒水分保湿。种植方式通常采用挖穴坑种植，栽植密度根据目标确定，每穴宜定植3~4株芦苇根状茎，每段芦苇根状茎应至少有1个芽露出地面，株行距宜在50 cm×50 cm至100 cm×100 cm之间，栽深5~10 cm。

根状茎育苗移植：通常在每年 3 月至 4 月将苇根挖出，截成 30 cm 小段栽入营养钵，在苗高 30 cm 左右时，移植至大田中 30 cm 左右、间距 1 m 的穴坑中；移栽苗时需带土置入，覆土踩实。

青芦苇带根移栽：适用于地势较低的滨海盐沼修复区域。在芦苇生长季，连同部分根状茎一起挖取高 30~100 cm 的青芦苇，运往田间栽植，栽植时根状茎应全部插入泥土。

茎秆扦插繁殖与移植：适用于土壤全盐含量较低的区域，1 年生扦插苗适宜各种类型的滨海盐土区。通常在每年 6 月至 8 月选用发育良好的芦苇株，将中间部分剪成 30 cm 的小段，每段约 2~3 节。育秧田宜选取土壤全盐小于 0.5% 的地块，栽前旋耕，田面保持 3~5 cm 水层。将剪好的芦苇段斜插在育秧田中，株行距 30 cm×30 cm。苇株发根后可随时移植。

8 修复措施

种植期间，应注意芦苇管护，结合当地物候条件及芦苇生长特性，综合考虑发芽期、深水灌溉期及芦苇成熟期，并注意病虫害防治（河北省质量技术监督局，2013）。

8.2.2 盐地碱蓬种植

我国滨海地区的盐地碱蓬种植通常可以分为备种、播种、灌溉、施肥和补种等阶段。

备种：我国滨海地区的盐地碱蓬通常在每年 9 月至 10 月进入种子成熟期，在此期间可以采集种子，但是有的区域要在 11 月上旬期间采集，来提高种子实籽率。采集种子的植株生长环境需与预种植地的土壤区域位置等相似或相近，初次种植区域宜在附近采集种子，最好采集滩涂上的种子，干燥保存。

播种：种植最佳日期通常在每年2月中旬至4月下旬不等，需根据具体情况确定，通常在当地气温高于15℃时播种。种子可采用人工或者机器撒播（根据滩涂情况因地制宜）。播种后，在潮水第一次进入前，视情况可以用网覆盖，可选择蔬菜防虫网或透水无纺布等覆盖物，网周边可以用土块固定。在播种过程中，视情况可能需要对播种区域松土划沟，播种后可能需要采取压实种子等措施。

灌溉：滨海地区的盐地碱蓬通常在播种后7~10天出苗。发芽期需保持土壤湿度良好，根据土壤湿度情况，必要时需进行灌溉，灌溉次数和水量视情况而定，不宜过多，通常采用小水灌溉1~2次，如果遇到干旱，则应尽早浇灌适量的水。

施肥：一般在发芽后1个月视情况进行生长期追肥。

补种：通常在每年10月下旬至11月上旬（不同地区、不同年份有所差异），选取长势优异的植株采集籽粒饱满的种子以备播种用，并在次年根据土壤湿度情况，适时对盐地碱蓬覆盖率较低的区域进行补种（如覆盖率80%以下的裸露地块）。

丸粒化种子种植盐地碱蓬

丸粒化种子技术是一种新型种子处理技术，通过在种子表面包裹填充剂、黏合剂、营养物质、保护剂、生长调节剂、染色剂等物料，改变种子的形状和大小，保护种子、促进逆境下种子萌发和幼苗生长（图11）。这种技术可以提高种子的抗逆性，增加种子流动性以便于机械化播种，减少种子被鸟类采食的概率，促进幼苗生长，提高逆境下幼苗存活率。因此，该方法创新性的将盐地碱蓬种子进行丸粒化。丸粒化后种子较大，难以被带走，并可以为种子提供营养和保护，从而进一步增强盐地碱蓬在高盐环境下的萌发率和幼苗的生长质量，提高种子在盐渍化土地上的种植成功率。

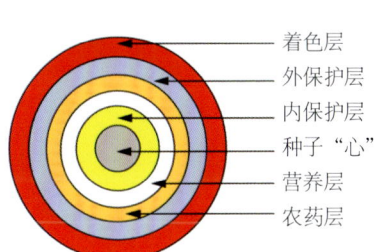

图11　丸粒化种子剖面（左）和丸粒化种子现场施工图（右）

竹筒法种植盐地碱蓬

　　使用竹筒作为容器种植盐地碱蓬是一种创新的栽培方式，可以充分利用竹筒的透气性和保湿性，为盐地碱蓬的生长提供良好的环境。在种植时选择较粗的竹筒，以容纳盐地碱蓬的根系生长；同时，尽管竹筒本身具有一定的排水性，但仍在竹筒底部开排水孔，以避免积水和根部腐烂；最后竹筒内应填充适合盐地碱蓬生长的基质，以保证植物的生长需求。通过利用竹筒容器种植盐地碱蓬，不仅可以提高植物的生长质量，而且还可以帮助改良土壤盐碱度，实现生态和经济的双重效益。

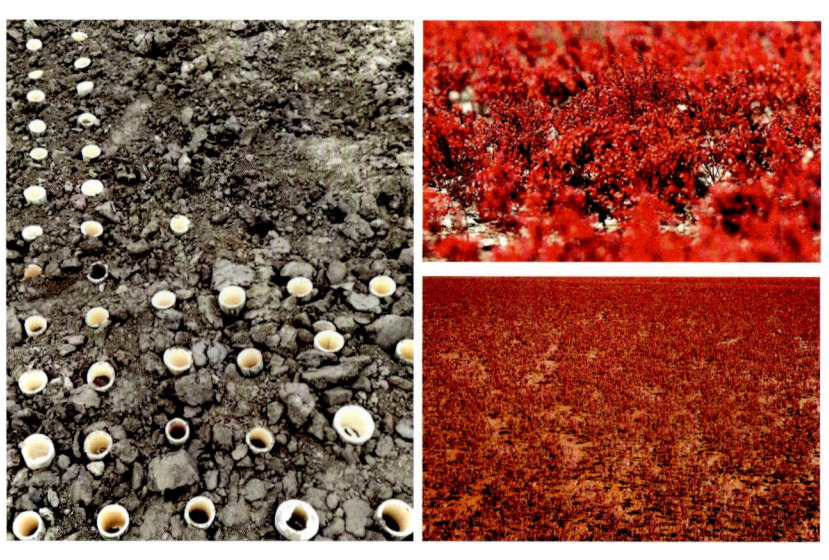

8.2.3 海三棱藨草种植

一般情况下,海三棱藨草种植分为备种和播种两个阶段,其中备种包括采集种子、春化处理、萌芽、播种、补种等步骤。

采集种子:通常情况下,每年的9月至10月为海三棱藨草结籽期,在此期间可采集种子,宜选择籽粒饱满、当年成熟的种子,以保证萌发率。

春化处理:通常于次年的2月左右,将种子与湿润细沙以一定比例搅拌均匀(如1∶2的体积比),或加水浸泡,在1~4℃的冷藏室中保存20~30天。在此期间,需定期检查海三棱藨草种子是否霉变,并及时处理。

萌芽:将春化处理后的种子移至20~30℃温室进行萌芽,温室内加水淹没种子,时间一般控制在5~15天,超过半数种子萌芽时即可用于播种。

播种:一般情况下,我国滨海地区的海三棱藨草的最佳种植时间在4月至5月,日平均气温宜大于15℃,最佳播种密度为50~100粒/m²。

补种： 对于 1 个月后种子萌发率小于播种量 10% 的种植区域，可采取补种措施，每平方米补种 10~30 粒。

8.2.4 短叶茳芏种植

我国滨海地区的短叶茳芏种植过程主要包括种源选择、采集草块、种植和施肥等阶段。

种源选择： 在我国滨海地区，短叶茳芏的种植方式一般选择与种植区域的盐度、潮汐状况和基底情况等生境条件相近的天然短叶茳芏生长区域，在无病虫害、连片面积较大且生长茂盛的草场，采集其中长势良好的带土草块为种苗。

采集草块： 割去植株的地上茎，留茬 30 cm，再用铁铲或专用采苗器挖取规格为 15 cm×15 cm 至 30 cm×30 cm 的草块，深度为 20~30 cm。当天采集的草块需在当天种植完毕。

种植：每年 3 月至 11 月小潮时均可种植短叶茳芏。种植时行距为 50 cm×50 cm 至 100 cm×100 cm，按行距挖略大于草块的穴坑，每个草块喷施约 100 mL 促生根生长素溶液后放入穴坑。

施肥：采取缓释方式，在草块周边填埋施肥。施肥后进行穴坑培土，压紧草块。在每年 3 月至 5 月应当进行追肥。

种植过程中，应注意短叶茳芏管护，做好围网建设，立桩可采用木桩或水泥桩，主桩之间加设副桩，以尼龙绳相连，再悬挂尼龙网。同时做好浒苔和病虫害防治。

8.3 外来物种防治

我国滨海盐沼区域外来物种主要为互花米草。互花米草自20世纪70年代被我国引种以来，在我国沿海地区迅速扩张。2022年12月，中国政府印发了《互花米草防治专项行动计划（2022—2025年）》，在全国范围内启动互花米草防治专项行动。

互花米草的防治是在科学评估当地生态群落基础上，通过限制或遏制互花米草生长、有性繁殖和无性繁殖，达到控制扩散或完全清除的目的。互花米草防治应以生态优先、防治并重、尊重自然、科学治理、因地制宜为基本原则，并结合当地的自然环境、生物环境、施工条件、工程投资等因素，合理设计治理方案。

互花米草的主要治理方法有物理治理法、化学治理法、生物替代法、生物治理法及综合治理法。

（1）物理治理法

物理治理法包括人工去除、覆盖遮阴、刈割、火烧、水淹等，一般不会造成环境污染，对生物影响也较小，但存在耗时费力、成本高、容易复发的弊端。利用物理控制技术必须充分考虑互花米草生育期、控制技术的频度和强度等因素。

（2）化学治理法

化学治理法一般是通过施用除草剂对互花米草进行灭除。化学治理法成本较低，灭杀效果较好，但存在潜在生态环境风险。利用化学控制技术必须选择低毒性药剂，并采取正确的施药方式。

（3）生物替代法

生物替代法是根据植物群落演替规律，由竞争力强的本地植物取代外来入侵植物的一种生态学防治技术。但在特定地区找出快速、有效、安全的替代种以及防除方法仍是个难题。目前研究较多的是利用芦苇、盐地碱蓬和红树林等物种对互花米草进行生物替代。

（4）生物治理法

生物治理法是利用寄主范围较为专一的植食性动物或病原微生物，通过直接取食、形成虫瘿、穴居植物组织或造成植物病害等方式，控制互花米草维持在一定密度和范围。该方法难以完全清除互花米草，且需要引入其他物种，存在外来物种入侵风险。

（5）综合治理法

实践中，多种治理措施相结合的综合治理法一般能获得较好的治理效果。各地可根据实际情况选择刈割、刈割+水淹、刈割+翻耕、遮阴、生物替代、除草剂喷施等多种治理方法，防治期间要采取适当防范措施，避免发生衍生灾害。

8.4 海岸带综合防护体系构建

立足滨海盐沼修复区域的空间资源禀赋，以最大程度提升修复区域的防灾减灾和海岸防护能力为优化目标，设计最优的盐沼植被带宽度和植株密度等参数，综合采用分区种植、逐级消浪、植物群落空间优化配置等技术，构建基于盐沼植被的海岸带综合防护体系。

8.4.1 以减灾效果最优为目标的滨海盐沼分区种植

在我国大部分的沿海区域，盐沼植被呈现出显著带状分布特征。在海滩上不同位置、不同高程的区域生长环境不同，芦苇、盐地碱蓬等不同的盐沼植物分布在自海向陆不同的带状区域上。因此，在设计修复方式时可以采用分区种植，结合不同盐沼植物发挥的消浪弱流等防灾减灾功能，构建综合防护体系。

针对拟修复区域的海滩特征和生境条件，判定区域内适宜生长的盐沼植物种类，根据不同程度海洋动力灾害对盐沼植物的破坏模式以及植物生长周期下植物群落对海洋动力过程的响应特征，综合分析芦苇、盐地碱蓬等不同类型的盐沼植物存活定植适应性阈值，明确不同类型盐沼植物在拟修复区域空间中适宜生长的分区，探明区域内植物群落的组成和空间分布特征。

以最大化提升修复区域的防灾减灾和海岸防护能力为优化目标，在不同分区内，针对不同类型的盐沼植物（芦苇、盐地碱蓬、海三棱藨草等），设计最优的植被带宽度和植株密度等参数，综合考虑不同种类的组合及相互影响，实行分区种植，形成滨海盐沼综合防护体系。

8.4.2 基于自然的海岸带综合防护体系构建

为最大限度地提升区域防灾减灾和海岸防护能力，部分修复区域可以因地制宜综合采用生态构筑物（如牡蛎礁）、植被和海堤等不同海岸防护措施。

以海岸带防灾减灾效果最优为主要目标，针对拟修复区域的地形地貌特征和空间尺度，综合考虑海洋动力灾害过程的演变特性和不同海岸防护措施减灾特性等，分析包括生态构筑物、植被、岸滩、海堤等由海向陆的不同海岸防护措施对海洋动力灾害过程的综合影响，提出基于不同防护措施的空间组合方式和适用条件，明确海岸带综合防护空间配置方案，形成基于自然的全断面空间配置的海岸带综合防护体系（图12）。

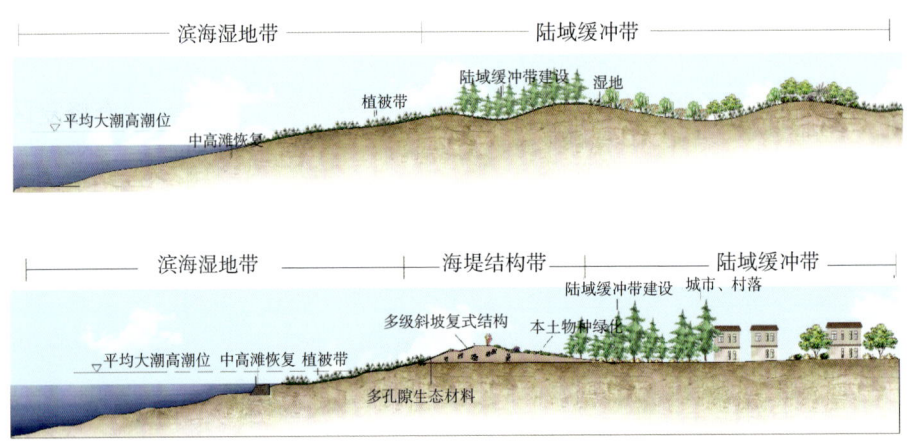

图12　海岸带综合防护系统示意图

8.5　后期管护

滨海盐沼修复后形成新的生物群落，在早期威胁因素带来的潜在风险可能较强，种间竞争相对较小，易形成相对单一的物种群落，随着植被演替的进行，威胁因素减弱，种间竞争增强，植物多样性逐渐增多。例如，盐地碱蓬为滨海盐碱地生态系统群落演替中的先锋物种之一，在滨海湿地易形成单一群落，对土壤进行改造后，土壤盐度降低，将促进次生群落的形成。因此，对于盐沼修复区的管护是一个动态的过程。

后期管护需要根据植物群落物种的生态习性和生境条件的变化制定具有针对性的管护措施。通常而言，修复完成后的初期阶段难以判断修复区盐沼群落的演替结果，因此需要将管护和修复区的跟踪监测相结合，跟踪监测提供的植物群落的物种和分布等信息作为管护措施的依据。

　　管护期间应定期对植被生长情况进行巡视，并对盐地碱蓬、芦苇等滨海盐沼植被的生长状况及其环境要素状况开展跟踪监测，适时进行记录和分析。

　　一般管护期为两年以上，每年至少开展 1 次常规维护。强台风、风暴潮、海洋污染等海洋灾害事件过后应增加 1 次应急维护，检查修复区域盐沼植被的完整性和稳定性情况，对发生破坏的情况及时采取合理的修复措施。

　　后期管护期间可根据需要合理安排灌溉及排水。灌溉水源应采用符合植物生长需要的水源，灌溉时期应根据植物品种的生物学特性、土壤墒情及水盐运行规律适时灌溉，灌溉次数遵循一般情况下不旱不浇，但浇则浇透的原则，同时做好喷水保湿、及时排水措施。对含盐量超过湿地植物生长极限的区域要及时灌溉浇水，降低土壤的含盐量，并及时监测，控制含盐量。

　　根据盐沼植物长势情况确定是否进行施肥。施肥应以底肥为主，追肥为辅，严格控制施肥时间和施肥量。

　　根据植物出苗率或存活状况，适时进行补种。必要时可采取补植或育苗。例如，为满足盐地碱蓬的日常补植需求，选择可降解材质制作的容器，一般采用蜂窝育苗纸筒（图 13）。

　　管护期间应重视病虫害的防治。病虫害防治应以"预防为主、综合防治"为原则。对修复区域内的植物定期做病虫害检测，及时处理染病、染虫植株。推荐使用物理防治的措施，减少病虫害的发生。在病虫害的多发季节加强巡查力度，对各种病虫害进行随时防治。同时注意保护环境，减少环境污染。对于因外界原因死亡或病弱植株及时清除，补种可在植被适宜季节集中进行。

根据实际情况，采取必要的封滩保育措施。根据需要安排人员进行巡逻，禁止在修复区进行与保育无关的作业，采取专人巡视看护和布设防护网等措施加强保护，定期清理修复区的海漂垃圾和杂草。

图 13　盐地碱蓬补植育苗

9 跟踪监测、效果评估和适应性管理

9.1 跟踪监测

滨海盐沼修复监测的目的在于了解生态系统的状态及其变化趋势，为分析修复目标的实现和产生的综合效益提供数据支撑。

生态修复跟踪监测应包括修复工程实施过程中的跟踪监测和实施后的连续监测。条件允许时，应设定固定监测站位开展长期持续的跟踪监测。生态修复方案编制阶段应同步制定生态修复监测方案，明确详细的监测计划。

9.1.1 监测内容

根据滨海盐沼修复的目标，确定需要开展跟踪监测的内容和参数。生态修复跟踪监测的内容包括盐沼植被、生物群落、环境要素、重要生态过程和功能等，在不同阶段的监测内容可有所侧重。

对应生态修复的短期目标，在项目验收前监测的内容应结合修复的对象和工程内容进行设定。对应生态修复的中长期目标，监测内容应侧重重要物种、重要生态过程和功能的相关参数的监测。条件允许的项目，除分析修复目标实现情况所需的监测内容外，可开展连续的综合性监测。

9.1.2 监测区域和站位

滨海盐沼修复跟踪监测区域应覆盖全部修复的区域，修复项目如涉及参照生态系统和对照生态系统的，监测区域除修复区域外，也应包括设定为对照生态系统和参照生态系统的盐沼。如在修复项目实施前未开展修复区的本底调查，或生态调查信息不充分，可设置对照生态系统代表修复区在修复前的状态，并开展同步生态监测。通过现场调查、调研和专家咨询等形式，在修复的滨海盐沼周边区域选择具有相似生境条件和退化情况的盐沼或盐沼迹地（滩涂和养殖塘）作为对照生态系统。

同生态本底调查的原则相一致，跟踪监测应综合考虑植被和生境条件来布设监测站点，重点根据盐沼修复区域、物种和滩面高程等情况来设置监测断面和监测站位，并根据监测的参数合理设置监测的断面、站位和样方的地理位置和大小。条件允许时，应尽可能布设固定的断面、站位和样方，并开展连续监测，且设置充足的重复监测站位和样方数量。

生物群落、环境要素及生态功能监测的站位和样方宜与植被监测保持一致。水文环境、鱼类、鸟类等监测站位可根据评估需要和各自的监测方法进行设置，原则上应反映监测内容和要素的总体特征。滨海盐沼发挥消浪弱流等海洋防灾减灾功能的监测应结合修复前后盐沼植被的特征和海洋动力灾害过程的特征来综合考虑断面和站位的布设（具体方法见本手册4.3部分）。

9.1.3　监测的期限和频次

（1）监测期限

滨海盐沼修复跟踪监测应涵盖修复工程的整个实施过程以及修复工程实施后的不同阶段的生态系统状态。

滨海盐沼生态修复工程实施后，为评估修复目标实现情况提供监测数据，跟踪监测的时间跨度应与修复目标的实现时间相一致。盐沼植被、生物群落和生境条件的监测时间可设定为10年左右，生

态功能的监测时间以20年为宜。如不具备开展长期跟踪监测的条件，监测时间可设定为5年左右，以满足短期目标评估的需要。

（2）监测频次

在盐沼植物种植后1年内可间隔1~2个月开展1次幼苗成活率的监测。

在滨海盐沼生态修复初期（<5年）应视情况逐年开展生态跟踪监测；修复时间大于5年的盐沼，可根据实际情况开展定期跟踪监测，以间隔3~5年开展1个周期的监测为宜。

如果修复工作设定了阶段性目标，跟踪监测频次需要依据阶段性目标实现的时间设定。

在每个监测年份，调查时间应根据各气候带滨海盐沼植物物候特征调整，以植物生物量最大的季节为宜（通常可安排在7月至10月），如需反映滨海盐沼植被、环境要素、生物群落等特征的季节变化规律，可每季度开展1次调查，同一地区的调查月份宜保持一致。

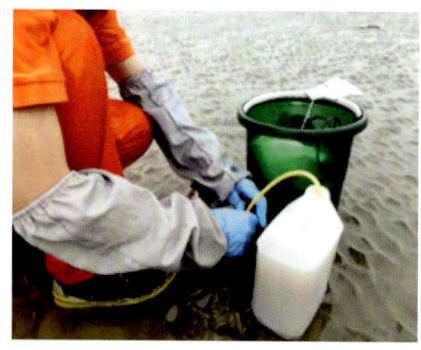

9.1.4 监测方法

原则上，滨海盐沼跟踪监测方法与生态本底调查相一致，根据设定的监测内容和指标，参考相关的规范性文件和文献来确定具体的监测方法。一般而言，可采用无人机航测或高清卫星遥感影像分析的方法监测滨海盐沼的面积变化，通过现场监测获取生态和减灾相关的参数数据。条件允许的情况下，采用实时连续的监测设备获取修复区的影像和生态系统参数的信息。社会、经济等方面的数据可综合采用资料收集、现场调查等方式获取。

为了直观反映修复的效果，可定期采集具有可比性的修复区域内盐沼生境状况、植被和动物影像资料。例如，可采用固定位置和角度拍摄盐沼植被的生长状况。

9.2 修复效果评估

9.2.1 修复效果评估内容

根据滨海盐沼修复的短期目标、中长期目标和监测的实施进度，进行生态系统修复效果的阶段性评估和终期评估。根据项目实际情况选择生态修复效果评估的内容，包括但不限于：

- 盐沼植被恢复；
- 生物群落恢复；
- 环境要素恢复；
- 威胁因素的消除；
- 重要生态功能的恢复；
- 防灾减灾能力的提升。

滨海盐沼生态修复效果评估应对照评估内容设定合理的评价指标。评价指标应与监测参数对应并明确计算方法。生态修复效果评估及监测的内容和指标参考表1。

在修复工程完成后5年内，重点评估盐沼植被覆盖情况、盐沼植物群落和大型底栖动物及鸟类群落恢复情况、沉积物环境恢复情况等。如修复项目涉及生境修复和威胁因素消除，在修复工作完成5年内也应开展生境修复效果和威胁因素消除效果的评估。

在修复工程完成后，根据不同滨海盐沼植物类型，在达到成熟期后（通常5年内），开展滨海盐沼生态系统减灾能力评估。重点评估包括植被、地形等综合因素在内的滨海盐沼生态系统发挥消浪弱流等降低海洋动力灾害过程的能力（全国海洋标准化技术委员会，2023）。

在修复工程完成5年后，宜增加开展重要生态学过程恢复和生态功能恢复效果的评估，其中生态功能包括生态系统生物多样性维持和固碳增汇等。

9.2.2 修复效果评估方法

每项评估指标以所有监测站位的平均值作为修复区域的评估结果。根据生态修复监测结果，可以从生态系统指标改善与提升评估、生态修复目标实现程度两个方面进行修复效果评估。

生态系统指标改善与提升评估：修复工程可以通过将评估指标的现状值与修复前的状态值或对照生态系统的现状值进行对比，评估各指标变化情况和趋势，反映生态系统状况的改善和功能的提升。

生态修复目标实现程度：对于已经明确修复目标值的评估指标，通过对比相关指标在评估时的现状值和目标值来反映生态修复目标的实现情况；对于在修复目标设定阶段没有明确目标值的评估指标，可以将评估指标的现状值与参照生态系统的状态值进行比较，当这些指标达到或接近参照生态系统的状态时，可认为生态系统实现恢复。评估生态修复

目标实现程度时,对于未显著恢复的指标,可采用专家咨询、调查、试验的方法进一步分析其是否仍处于退化状态或对生态系统的恢复造成不利影响。

9.3 适应性管理

在滨海盐沼修复过程中,可根据环境的长期变化以及参照生态系统的滨海盐沼状态,对生态修复的目标进行适当且合理的调整,并根据不同类型的修复方式和修复阶段,采取不同的改善措施。

在修复过程中,如果存在不理想的生态系统指标或对生态系统恢复造成不利影响的指标,应及时分析修复技术和方法的有效性,对效果不理想的修复技术和方法以及可能对生态系统造成新的破坏的修复措施和技术等,进行相应调整修正,或者引入新的技术方法改善修复的效果。

根据修复后滨海盐沼区域的威胁因素、地形地貌的维持、水体交换程度、沉积物环境、盐沼植被以及其他生物群落等恢复情况，判断修复采用的技术是否有效；对于修复效果不理想或修复目标未实现的，分析失败的原因，必要时调整修复措施和技术，或引入一些新的修复措施和技术。

自然恢复的滨海盐沼：对于采用自然恢复方式的滨海盐沼修复项目，如在修复区内自然生长的盐沼植物数量未达到预期目标，可采用少量的人工种植进行补充。

人工辅助修复和重建性修复：在人工种植滨海盐沼植物后，定期观测植物的萌芽和幼苗的成活情况，当幼苗的成活率小于75%时宜开展补种。通常短期管护可在1年后结束，短期管护结束后，根据盐沼植物存活情况采取必要的补种措施，直至修复工程达到预期目标。

10 滨海盐沼修复经典案例

10.1 案例1 东营市黄河口盐地碱蓬生态系统修复

10.1.1 环境情况

黄河口区域位于渤海湾与莱州湾交汇处，拥有我国乃至全球暖温带保存最完整、最典型、最年轻的滨海湿地生态系统，是黄渤海区域海洋生物的重要种质资源库和生命起源地，是环西太平洋和东亚—澳大利西亚两条鸟类迁徙路线上的"中转站"。加强黄河口湿地生态系统和滨海湿地生态系统保护，对维护黄河流域和黄渤海区域生态安全具有重要作用。

东营市黄河口以南的海岸带区域，盐地碱蓬曾大面积连片分布，形成典型的"红地毯"，生态系统类型多样，鸟类等生物多样性丰富，区域不仅具有很高的生态价值，也为抵御风暴潮、海浪和赤潮等海洋灾害提供了天然屏障。

自20世纪八九十年代以来，区域内荒滩逐步开发利用，在促进海洋渔业发展、增加渔民收入的同时，生态和减灾问题日益突出，海域自然岸线受损，海洋灾害风险增大。党的十八大以来，东营市积极践行海洋生态文明理念，区域功能由渔业生产向生态保护转变，生态状况有一定改观，但仍存在生态和减灾问题。一是大量废弃养殖设施遗留，区域内潮沟淤涨、消失，海水交换能力降低（图14）。二是滨海湿地遭受养殖池塘侵占，海岸带植被退化趋势明显，"红地毯"大面积衰退，形成大量裸滩（图15）。三是由于渔业生产、港口建设等人类活动，滨海盐沼等生态系统逐步消失,生态系统及物种多样性受到严重威胁。针对存在的问题,东营市开展了多层次、差异化的生态修复,旨在改善区域生态环境,提升海洋生物多样性和防灾减灾能力。

图14　遗留大量废弃养殖设施

图15　湿地植被受损严重

10.1.2　修复目标

通过开展退养还湿、潮沟疏通、微地形改造，改善海岸带环境状况，在此基础上开展滨海盐沼生态系统修复，旨在提升区域生态系统和物种多样性，形成人与海洋和谐共生的新局面。其中，盐沼修复以盐地碱蓬植被为主，生态效果及景观价值最大。以下主要介绍东营市盐地碱蓬生态系统修复情况。

10.1.3　实施情况

(1) 强化技术引领，助推本土盐沼生态修复

注重海洋生态修复技术研发与应用实践，多家科研单位共同参与，对修复技术进行了攻关与突破，为盐地碱蓬等本土滨海盐沼修复取得成效提供了有力支撑。第一，通过在相似生态分布区采集、选育和留存本土适宜种质资源，解决苗种抗逆性问题，显著提高了修复区植被成活率。第二，实施"草方格"治理措施，大大降低风浪影响，为碱蓬植被留种、留苗创造了适宜的微生态环境。第三，针对极端气象条件采取应急性海水喷淋浇灌，保障碱蓬植株生长用水，提升幼苗期存活率。

(2) 构建潮滩－植被－海堤综合防护体系

通过退养还湿 500 余公顷、潮沟疏通和微地形改造 18.13 km，恢复原生态本底环境。充分利用不同生态系统植被生境适宜条件，因地制宜实施立体化植被修复与恢复，采用种植和补充盐地碱蓬等本土植被种源等方式，提高本土植被覆盖度，修复碱蓬等本土盐沼植被 1 600 余公顷，恢复了生态系统的多样性和稳定性，形成了梯度多层次生态系统修复格局，结合案例区域海堤现状分布，构建了潮滩－植被－海堤综合防护体系（图 16）。

图 16　潮滩－植被－海堤综合防护体系

（3）创新构建长效管护模式

为确保生态修复效果的稳定性和长期性，建立了生态减灾修复长效管护模式。针对碱蓬植被受潮汐波浪影响较大，易发生生态系统衰退的情况，原位收集当年碱蓬种质资源，第二年春季补种，用喷淋设施及时灌溉，维持种子高出苗率和植株高存活率，确保植被盖度、密度和高度等生态指标处于较高水平，保持植被状况长期稳定。该管护模式进一步巩固海洋生态减灾修复成效，提升生态系统自我调节和自然恢复能力，最终实现区域长期、稳定、自然的生态防护功能。

10.1.4 修复效果

（1）生物多样性和固碳增汇效果大幅度提升

随着区域的修复，原来被渔业养殖设施割裂的海岸带风貌得到彻底改变（图17和图18），滨海盐沼、牡蛎礁、海草床等生态系统得到有效恢复，生物多样性显著改善。近年来，黄河口区域内鸟类种类增加至近400种，修复区域经常出现东方白鹳、黑鹳等国家一级保护动物以及群体数量巨大的鸿雁、海鸬鹚、大天鹅等（图19）。区域经过修复后，固碳增汇的效果亦十分显著。经测算，区域滨海盐沼年碳汇量增加约5 000 t二氧化碳，大幅度提升了区域碳汇能力。

图17 垦东咸水沟退养还湿生态修复前

图 18　垦东咸水沟退养还湿生态修复后

图 19　种群数量巨大的海鸬鹚出现在修复区域

(2)促进海洋生态保护与减灾协同增效

构建的20余千米以盐地碱蓬为主的植被带,平均宽度约800 m,植株密度达到每平方米30株,充分发挥了消浪弱流、护堤护滩等减灾功能,减轻了海岸受冲击的程度,提升了该区域海岸带的韧性。

(3)拓展亲海空间,休闲产业蓬勃发展

区域生态减灾修复实施后,形成了一望无际、蔚为壮观的红海滩湿地(图20)。蓝天白云、绿水红滩、飞鸟成群,修复区域已成为摄影爱好者、观鸟者的天堂,越来越多的人来此休闲度假。区域生态的改善,提升了美学价值,拓展了公众亲海空间,大幅度增加了区域及周边旅游业、休闲渔业的影响力,成为生态旅游好去处。

图20 永丰河－小岛河岸滩修复后形成的"红地毯"

10.2 案例 2 天津市汉沽滨海盐沼生态系统修复

10.2.1 环境情况

天津市海洋生态保护修复工程位于天津市滨海新区北部汉沽近岸海域，坐落于华北平原北部，面向广阔的华北、东北平原，南濒渤海湾，北接宁河区。拥有丰富的滩涂湿地等自然资源，是东亚—澳大利西亚水鸟迁飞路线上重要的节点，是世界濒危物种、国家一级保护动物——遗鸥的重要越冬地，区域生态功能十分重要。

但是，该区域由于人类开发活动的影响，湿地自然生境因密集建设的养殖围堰而遭受重创，水体交换受阻，植被严重退化，覆盖度锐减；生物多样性因生境改变而大幅度减少，珍稀鸟类迁徙路径受阻；湿地自我净化能力因污染物积累和水体交换不足而减弱，水质恶化；养殖围堰更导致湿地生态隔离与破碎化，阻碍了生物迁徙与交流，降低了生态稳定性，湿地生态系统面临严峻挑战。

10.2.2 修复目标

自 2022 年起，天津市开展互花米草治理、湿地微生境改造、滨海盐沼生态系统修复等工程，改善周边生态环境质量，恢复淤泥质滩涂、盐沼生态系统，提升海洋生态系统服务功能。通过工程的实施，逐步恢复湿地的自然状态，提升湿地生态系统的稳定性和服务功能，助力碳中和目标的实现，为保障该区域的生态安全提供支撑。

10.2.3 实施情况

（1）修复规划与方法

为恢复该区域滨海湿地自然属性，秉承"基于自然的解决方案（NbS）"理念，遵循"自然恢复为主、人工适度干预为辅"的基本原则，根据场地机理与场地内人工构筑物现状，在充分尊重现有场地状况的基础上，采用"断""摊""连""植"的方法。"断"指对区域内围堰进行打断；"摊"指对现有滩涂、围堰进行摊平；"连"指将场地内部水系连接，使其达到水系联通；"植"指对区域内整饰过的地形按条件进行植被覆盖。通过运用水文连通恢复、微地形整饰以及植被生境恢复等技术，重塑区域场地机理，逐步恢复自然生境。

（2）湿地构建

分区布置：将修复区域分为3个分区，由东向西依次为自然滩涂区、湿地修复区和鸟类生境区（图21），其中，自然滩涂区和鸟类生境区为鸟类栖息和繁衍提供场所。根据本区域造访湿地的鸟类种群及其生活习性、栖息地特征、食物类型、繁殖区域等，设计新的栖息地形态。对不同生活型鸟类栖息空间进行分析整理：涉禽适宜生活在低植被覆盖的滩涂湿地；水鸟的生存环境是深水池塘；滨鸟喜欢在高草植被覆盖区活动。

图21 湿地构建分区示意图

水文连通：疏通潮沟（图22），促进湿地内部水体流动，提高水体交换率。保留并优化潮沟通道，确保近岸水动力条件，促进水文连通。

图22　潮沟疏通现场施工照片

微地形整饰：通过拆除养殖池和晒盐池周边土堰，回填至部分养殖池塘，塑造高潮滩位和近岸滩地。在湿地恢复区、鸟类生境区等区域，根据地形特点，构建适宜的生态高滩和潮汐塘，为不同生物提供适宜的栖息环境。

植被修复：选择芦苇、盐地碱蓬、獐茅、柽柳、马绊草、罗布麻、盐角草等耐盐碱植物进行种植。采用丸粒种子（图11）、竹筒苗（图23）、直接播种等多种方式，提高植被成活率。在不同淹没时间区域，种植适宜的植被种类，确保植被生长良好。

图 23　竹筒种植现场施工

边坡生态改造：对湿地边坡进行生态改造，铺设生态块石、石笼礁体等材料，构建生态护坡，防治水土流失。

10.2.4　修复效果

后期持续的监测结果显示，湿地生态系统得到了有效恢复。湿地内部的水体连通性得到增强，生态补水得到有效实施，改善了湿地水文环境。同时，通过微地形改造和植被修复工程，湿地的地形和植被覆盖得到重塑，自然生境逐渐恢复，生物多样性得到提升；边坡生态改造和生态护坡工程则进一步保护了湿地边缘，防止了土壤侵蚀，并创造了多样化的生物栖息地。整体而言，修复后的湿地将恢复其自然属性，为鸟类和其他生物提供一个优质的栖息环境（图 24 和图 25）。

图 24　修复后的湿地

图 25　修复后的湿地内鸟类觅食

参考文献

国家海洋标准计量中心, 2007. 海洋调查规范 第2部分: 海洋水文观测: GB/T 12763.2—2007[S]. 北京: 中国标准出版社.

国家海洋标准计量中心, 2007. 海洋调查规范 第6部分: 海洋生物调查: GB/T 12763.6—2007[S]. 北京: 中国标准出版社.

国家海洋标准计量中心, 2007. 海洋调查规范 第8部分: 海洋地质地球物理调查: GB/T 12763.8—2007[S]. 北京: 中国标准出版社.

河北省质量技术监督局, 2013. 滨海盐土芦苇栽植技术规程: DB13/T 1848—2013[S]. 北京: 中国标准出版社.

贺强, 安渊, 崔保山, 2010. 滨海盐沼及其植物群落的分布与多样性[J]. 生态环境学报, 19(3):657-664.

全国海洋标准化技术委员会（SAC/TC 283）, 2007. 海洋监测规范 第4部分: 海水分析: GB 17378.4—2007[S]. 北京: 中国标准出版社.

全国海洋标准化技术委员会（SAC/TC 283）, 2007. 海洋监测规范 第5部分: 沉积物分析: GB 17378.5—2007[S]. 北京: 中国标准出版社.

全国海洋标准化技术委员会（SAC/TC 283）, 2013. 海洋监测技术规程 第1部分: 海水: HY/T 147.1—2013[S]. 北京: 中国标准出版社.

全国海洋标准化技术委员会（SAC/TC 283）, 2017. 海洋工程地形测量规范: GB/T 17501—2017[S]. 北京: 中国标准出版社.

全国海洋标准化技术委员会（SAC/TC 283）, 2023. 海岸带生态系统减灾功能评估技术导则 红树林和盐沼: HY/T 0382—2023[S]. 北京: 中国标准出版社.

中国科学院中国植物志编辑委员会, 1993. 中国植物志[M]. 北京: 科学出版社.

中国湿地植被编辑委员会, 1999. 中国湿地植被[M]. 北京: 科学出版社: 664.

中华人民共和国环境保护部, 2014. 生物多样性观测技术导则 鸟类: HJ

710.4—2014[S]. 北京：中国标准出版社.

中华人民共和国农业部, 2006. 土壤检测　第 16 部分：土壤水溶性盐总量的测定：NY/T 1121.16—2006[S]. 北京：中国标准出版社.

ADAM P, 1990. Saltmarsh Ecology[M]. Cambridge: Cambridge University Press:461.

CHAPMAN V J, 1978. Ecosystems of the world 1: Wet coastal ecosystems[J]. Springer Nature, 37(1) : 62−64.

CHEN Z, LI B, ZHONG Y, et al., 2004. Local competitive effects of introduced Spartina alterniflora on Scirpus mariqueter at Dongtan of Chongming Island, the Yangtze River estuary and their potential ecological consequences[J]. Hydrobiologia, 528: 99−106.

CHMURA G L, 2013. What do we need to assess the sustainability of the tidal salt marsh carbon sink?[J]. Ocean & Coastal Management, 83: 25−31.

GRIME J P, 1977. Evidence for the existence of three primary strategies in plants and its relevance to ecological and evolutionary theory[J]. The American Naturalist, 111(982): 1169−1194.

HE Q, CUI B, CAI Y, et al., 2009. What confines an annual plant to two separate zones along coastal topographic gradients?[J]. Hydrobiologia, 630: 327−340.

LONG S P, MASON C F, 1983. Saltmarsh ecology[M]. USA: Chapman & Hall:160.

PENNINGS S C, GRANT M B, BERTNESS M D, 2005. Plant zonation in low-latitude salt marshes: Disentangling the roles of flooding, salinity and competition[J]. Journal of Ecology, 93: 159−167.

SAINTILAN N, 2009a. Australian saltmarsh ecology[M]. Collingwood: Csiro Publishing : 248.

SAINTILAN N, 2009b. Distribution of Australian saltmarsh plants. Australian saltmarsh ecology[M]. Collingwood: Csiro Publishing: 23−39.

WANG H, HSIEH Y P, HARWELL M A, et al., 2007. Modeling soil salinity distribution along topographic gradients in tidal salt marshes in Atlantic and Gulf coastal regions[J]. Ecological Modelling, 201(3−4): 429−439.

WILSON C A, HUGHES Z J, FITZGERALD D M, 2022. Causal relationships among sea level rise, marsh crab activity, and salt marsh geomorphology[J]. Proceedings of the National Academy of Sciences, 119(9): e2111535119.